Tous nos ouvrages sont disponibles aux

Éditions Decoopman
Ferrières
30440 Saint-Laurent-le-Minier
Tel : +33 (0)4.67.73.90.95
web : www.decoopman.com
e.mail : livres@decoopman.com

Olivier Lacaux
Jean Castanier

I.S.B.N. 978-2-36965-210-6
Dépôt légal : 3e trimestre 2024

Ouvrages parus
aux Éditions **Decoopman**
Collection « ***Sciences & Techniques*** »

Auto / Moto

- *Réfection d'un moteur Diesel* - Y. Valleix
- *Réparation d'un démarreur Bosch KB* - Y. Valleix
- *Anatomie de l'automobile* - F. Carlès
- *Embrayages & Feins* - R. Champly
- *Motocyclettes et side-cars* - M. Zerolo

Chemins de fer

- *La locomotive* - U. Lamalle & F. Legein
- *La machine locomotive* – E. Sauvage
- *Les chemins de fer* – A. Guillemin
- *Locomotive & Chemin de Fer* – L. Figuier

Électricité

- *Des électromoteurs* - T. du Moncel
- *La machine de Gramme* - A. Breguet
- *La bobine Ruhmkorff* - A. Loiseau

Horlogerie

- *Gnomonique* - G. Bigourdan
- *Comptage du Temps* - R. Baierlein
- *Manuel d'horlogerie* - P. Foucher
- *L'horloger à l'établi* - Schulz et Kames
- *Échappements d'horloges* - Ch. Gros
- *Encliquetages* - F. Balavoine
- *Échappements à ancre* - École de Cluses
- *Guide-manuel de l'Horloger* - C. Saunier
- *Histoire de l'Horlogerie* - P. Dubois
- *L'Horloger sonneries* - C. Poncet
- *L'Horloger* - C. Poncet
- *L'art de connaître les montres* - J. Gondy
- *L'art de l'Horlogerie enseigné en trente leçons* - Anonyme
- *Les merveilles de l'Horlogerie* - Graffigny
- *L'horlogerie électrique* - G. Tobler
- *Traité d'horlogerie moderne* - C. Saunier

Hydraulique

- *Traité d'hydraulique* - N. Boquillon
- *Machines destinées à l'élévation des eaux* - A. Morin

Marine

- *La Marine française* - F. Roux
- *Des bateaux aux couleurs de la Gironde* - F. Jouison
- *Abécédaire des forces sous-marines* - P. Nôtre & J. L. Vichot
- *La Marine de guerre* – L. Huard
- *La Marine de guerre – A. Sauvaire-Jourdan*
- *La navigation sous-marine* – G.L. Pesce
- *Les bateaux automobiles à pétrole* - R. Champly
- *Les paquebots à grande vitesse – M. Dumoulin*
- *Les Torpilles* – E. Hennebert
- *Sous-marins & submersibles - Max Laubeuf*
- *L'Artillerie moderne (Le monde industriel)* – L. Huard

Mécanique

- *507 Mouvements mécaniques* – H. Brown
- *760 mouvements mécaniques* - G. Vander Haeghen
- *Appareils d'obturation* - J. Gary et A. Druot
- *Des mécanismes élémentaires* - L.E. Loche
- *Engrenages & Transmissions* – G. Franche
- *Engrenages et vis sans fin* - R. Champly
- *Les Machines* – E. Collignon

Ouvrages parus
aux Éditions **Decoopman**
Collection « ***Sciences & Techniques*** »

Mécanique (suite)

- *Les mouvements mécaniques* - M. Nicaise
- *Mécanismes des machines* - H. Leblanc
- *Notions de technologie mécanique* - P. Beauvais
- *Organes de transmission* - R. Champly
- *Organes de machines* - J. Gary et A. Druot
- *Organes auxiliaires des machines* - R. Champly
- *Traité de mécanique industrielle* - S. Flachat
- *Traité pratique des engrenages* - L. Wève
- *Transmission du mouvement* - J. Gary et A. Druot

Métiers

- *Comment on devient forgeron* - R. Champly
- *Forges et fonderies* - G. Franche
- *La serrurerie* - H. Havard
- *Manuel du luthier* - Maugin & Maigne
- *Histoire de l'imprimerie* - P. Lacroix
- *L'art du luthier* - A. Tolbecque
- *Accordeur de pianos* - G. Huberson

Moteurs

- *Le moteur Diesel d'automobile* - H. Petit
- *Notions sur les moteurs à explosion* - L. Lacoin
- *Le moteur deux temps* - L. Ventou-Duclaux
- *Moteurs d'aviation* - C. Martinot-Lagarde
- *Le moteur sans soupape Knight* - A. Contet
- *Les Moteurs* – H. de Graffigny
- *Les moteurs à vent* - R. Champly
- *Moteurs* - Max de Nansouty
- *Moteurs & Gazogènes* – L. Letombe

Moteurs Stirling

- *D'Asap à Rhombic 160* - D. Lyonnet
- *Fabriquer des moteurs Stirling* - A. Ross
- *Petits moteurs Stirling pour l'amateur* – D. Lyonnet

Vapeur

- *Le Clos Serpollet* - P. Dubarry de Lassalle
- *Catéchisme des Chauffeurs* - Collectif
- *Distribution de la vapeur* - M. Castelnau
- *Distribution de la vapeur* - A. Spineux
- *Gouvernails à vapeur Farcot* – J. Farcot
- *Histoire de la machine à vapeur* – R.H. Thurston
- *L'A.B.C. du Chauffeur* – H. Mathieu
- *Les bateaux à vapeur* – L. Figuier
- *Les Locomobiles* – L. Figuier
- *Les machines à vapeur* - J.P. Delaby
- *La machine à vapeur* – E. Sauvage
- *La Vapeur – A. Guillemin*
- *Tiroirs et distributeurs de vapeur* – A. Madamet

Yves VALLEIX

Mise au point d'un moteur ESSENCE

Avertissement

L'auteur n'est pas responsable des interprétations des ouvrages par le lecteur et des conséquences de ces interprétations.

En règle générale le lecteur doit se référer dans tous les cas aux données du constructeur.

- I -

L'ALLUMAGE

L'allumage

Avant propos

Je sais qu'à l'heure d'aujourd'hui parler d'allumage à rupteurs est désuet.
Mais un rappel aux sources ne peut-être que bénéfique pour comprendre les fonctions des allumages électroniques.
Pour certains qui possèdent des voitures anciennes ces quelques renseignements peuvent leur être utiles.

Yves Valleix

L'allumage électromécanique

L'allumage électromécanique a remplacé l'allumage à magnéto dans les années 1925 jusqu'en 1973 date de l'allumage électronique sur la DS Pallas Citroën. L'allumage électronique s'est généralisé dans les années 1980.

Fonctionnement.

1. Les rupteurs sont fermés. Le courant circule dans l'enroulement primaire de la bobine. La tension à la borne rupteur de la bobine est de 0 volt. Le champ magnétique est à son maximum.
2. Les rupteurs s'ouvrent. La rupture franche d'un courant continu produit dans la bobine un courant de self qui monte à une tension de 350 volts.
   - 2-1. Sous la variation brusque de champ magnétique dans la bobine il se produit un courant induit dans le secondaire qui monte à une tension de 40 000 volts.
3. Dans le primaire le montage bobine résistance condensateur produit des amortissements du courant primaire. La tension oscille entre + 350 volts et - 350 volts jusqu'à s'amortir.
   - 3-1. Dans le secondaire la tension se stabilise autour de 20000 volts. Jusqu'à la fin de l'amortissement du courant du circuit primaire.

Électro-mécanique

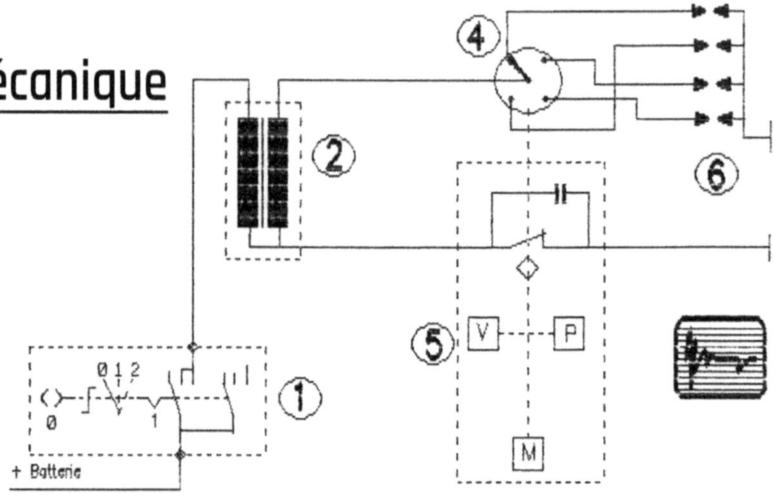

Mécanique transistorisé

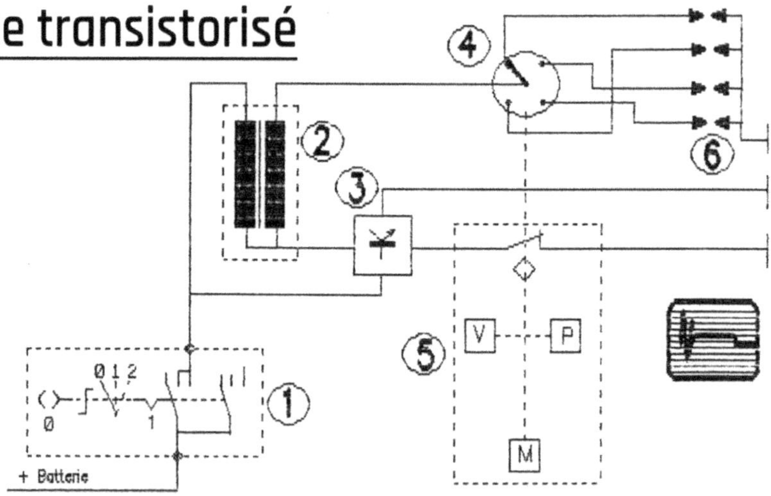

1 – CONTACT
2 – BOBINE
3 – BOITIER ELECTRONIQUE
4 – DISTRIBUTEUR
5 – ALLUMEUR
6 – BOUGIE

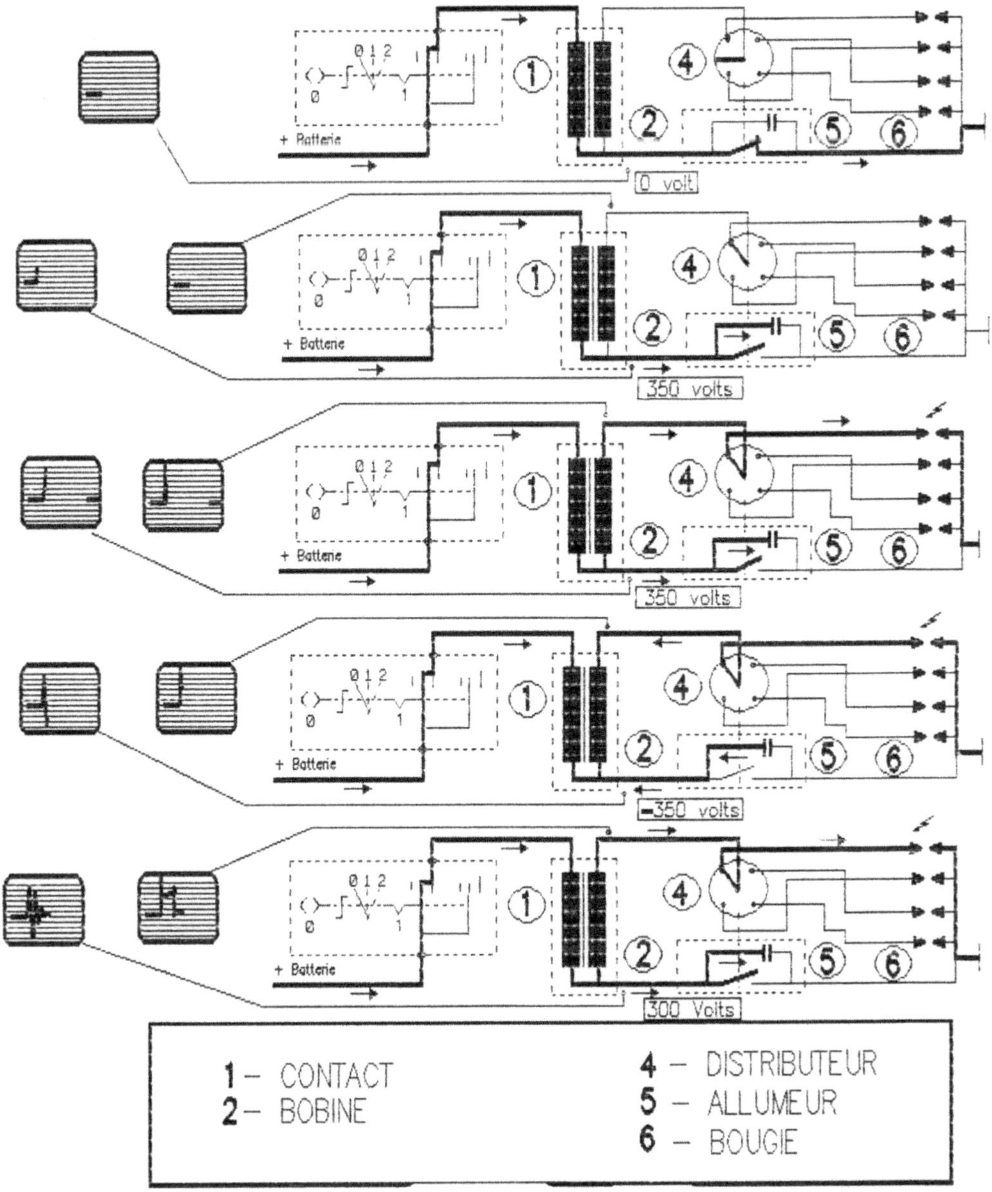

1 – CONTACT
2 – BOBINE

4 – DISTRIBUTEUR
5 – ALLUMEUR
6 – BOUGIE

L'avance centrifuge

VITESSE DU FRONT DE FLAMME

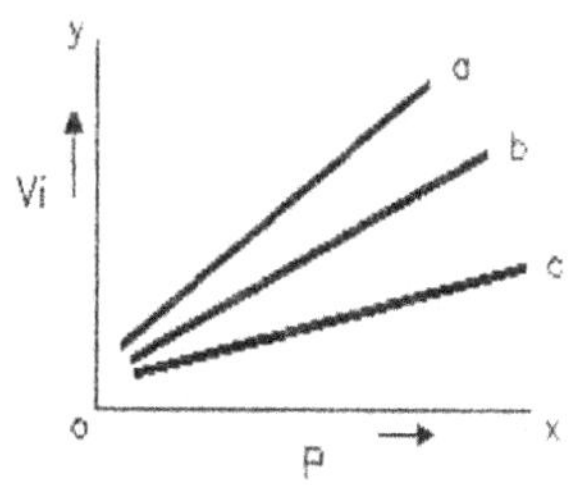

Vi = Vitesse
P = Pression
a, b, c, ≠ mélanges

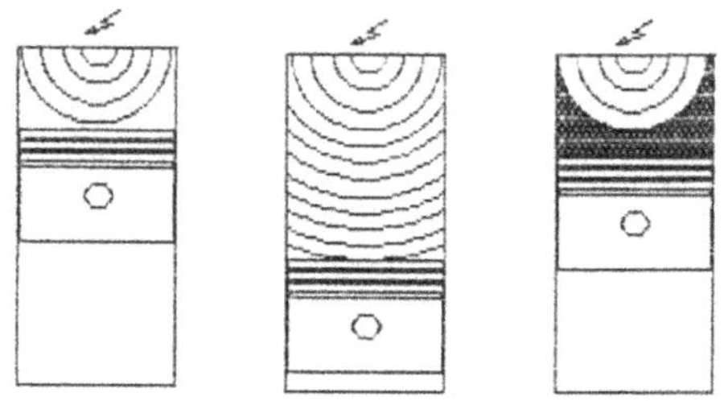

DELAI D'ALLUMAGE

Temps que met un combustible á s'enflammer en présence d'une flamme.

Le delai est variable suivant la qualite du combustible.

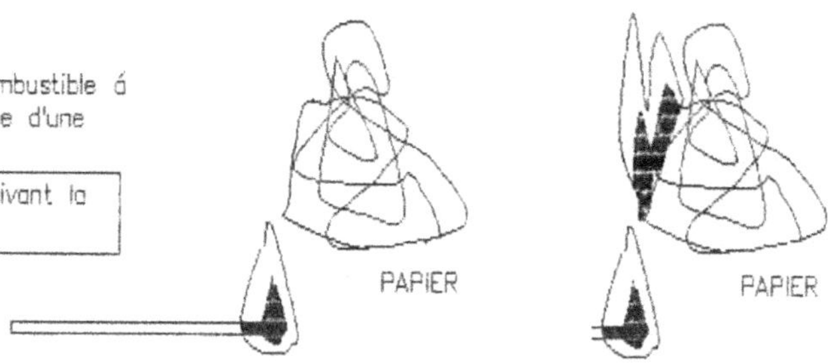

PRINCIPE DE L'AVANCE A L'ALLUMAGE

Deux personnes portent la même torche l'une marche, l'autre court. elles allument leur torche au même moment. Elle doit s'eteindre sur la ligne d'arrivée.

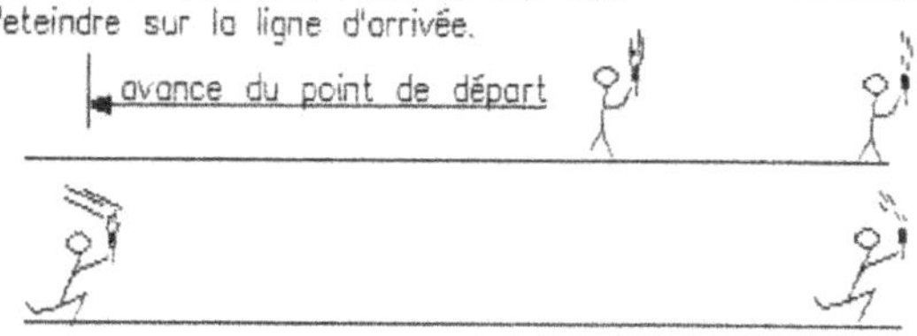

Le temps de la course est identique pour les 2 coureurs Il est égal au temps de combustion de la torche.

Pour arriver en même temps, la personne qui court devra parcourir une plus grande distance.

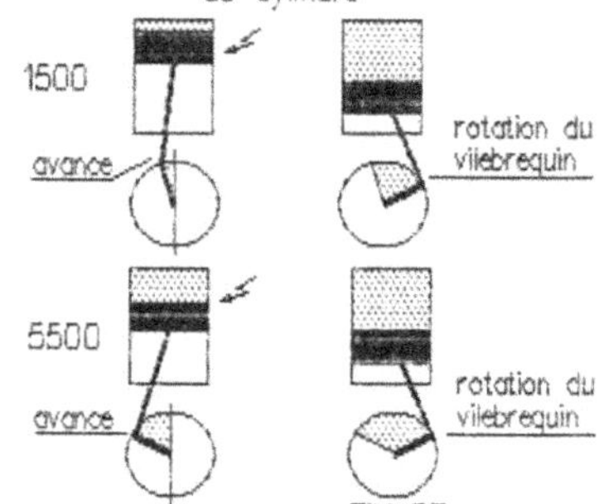

Fonctionnement.

Allumeur Ducellier.

Deux masses métalliques sont maintenues au centre de l'allumeur par deux ressorts de raideurs différentes. Les masses comprennent chacune un ergot qui se déplace dans une lumière 'haricot' du plateau de la came. Le plateau des cames est décalé angulairement de l'arbre moteur.

Suivant la raideur des ressorts varie la pente de variation de l'avance

Il faut agir sur les accroches des ressorts pour régler l'avance centrifuge.

L'avance à dépression

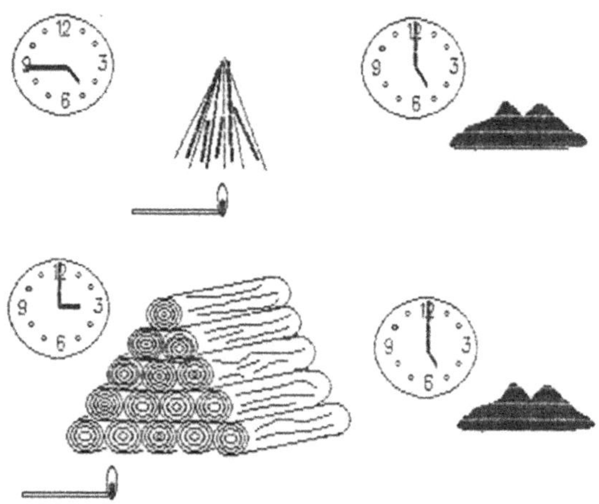

La combustion d'un petit tas de bois est plus rapide que celle d'un tas plus important

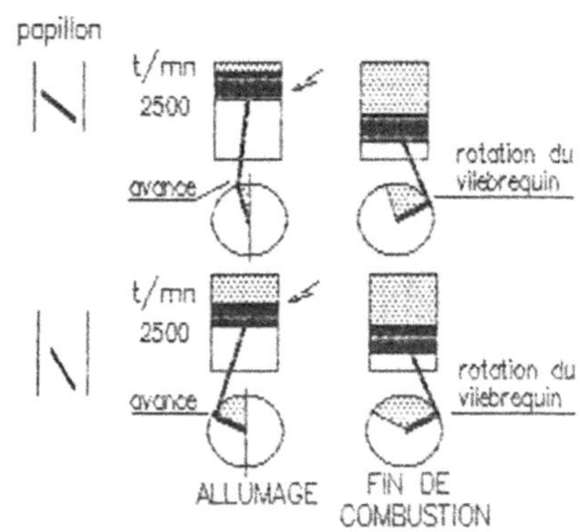

Une faible quantite de melange brule vite
Une plus grande quantite demande plus de temps

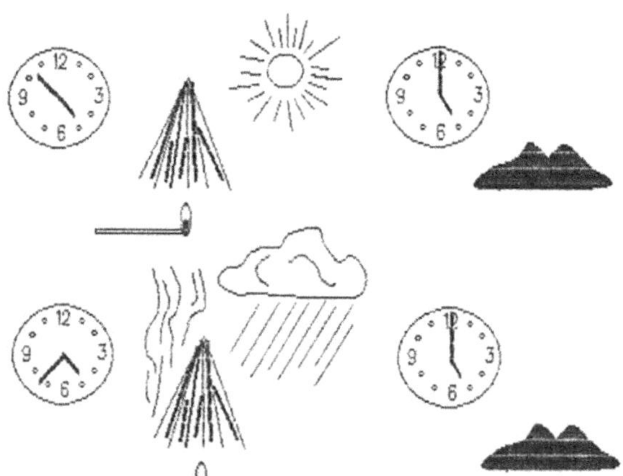

La combustion d'un combustible de mauvaise qualité est beaucoup plus longue.

Ex. le bois mouillé et le bois sec.

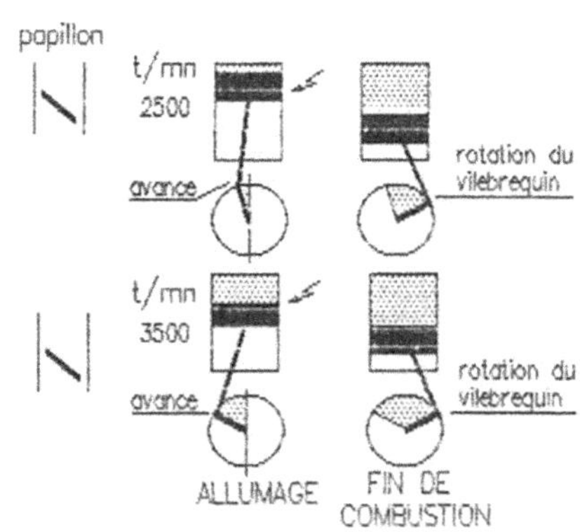

La qualite du mélange n'est pas identique á toutes les phases de fonctionnement.
Un mélange pauvre a une combustion plus lente qu'un mélange riche.

Fonctionnement

La prise de pression est située sur le carburateur plus ou moins près de la buse. La pression est appliquée sur une membrane appelée capsule. La force de la membrane est opposée un ressort. La tige attelée à la membrane agit sur un levier qui déplace le linguet mobile et donc de part ce fait avance le toucheau sur la came.
Sur les allumeurs Ducellier il faut jouer sur la "crête de coq" pour régler l'avance à dépression.
Pour garder le même angle de came avec dépression ou sans il faut agir sur l'axe du levier qui comporte un méplat.

Échange et réglage d'un allumeur

L'ALLUMEUR

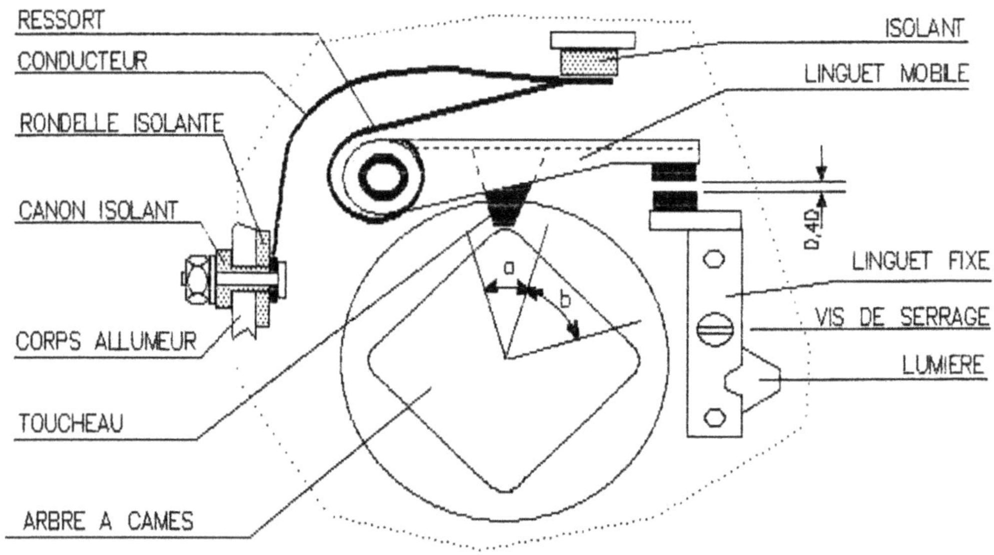

a = angle d'ouverture = 33° pour 4 cylindres

b = angle de fermeture = angle de came = 55° à 57° pour 4 cylindres

a + b = 90° pour un moteur 4 cylindres

1	Capsule à dépression	5	Linguet fixe
2	Crête de coq	6	Cames
3	Timonerie d'avance à dépression	7	Excentrique à méplat d'avance à dépression
4	Linguet mobile	8	Condensateur

Réglage de l'écartement des rupteurs.

Quelque soit le nombre de cylindres l'écartement des rupteurs doit être de 0,40 mm. Ceci pour permettre une rupture franche du courant primaire.
Rappel : une étincelle de 1 mm = 1000 volts.

Avec un appareil il est possible de régler l'écartement des rupteurs en réglant l'angle de came moteur tournant au démarreur. L'angle de came varie avec le nombre de cylindre.
Avec un appareil à pourcentage de dwell le moteur tournant au démarreur régler sur 63 %

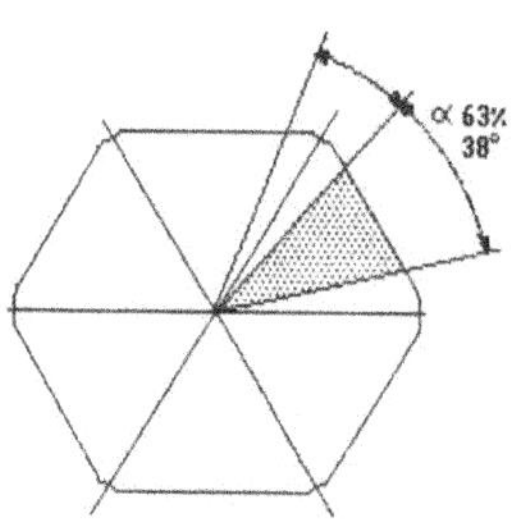

4 cylindres

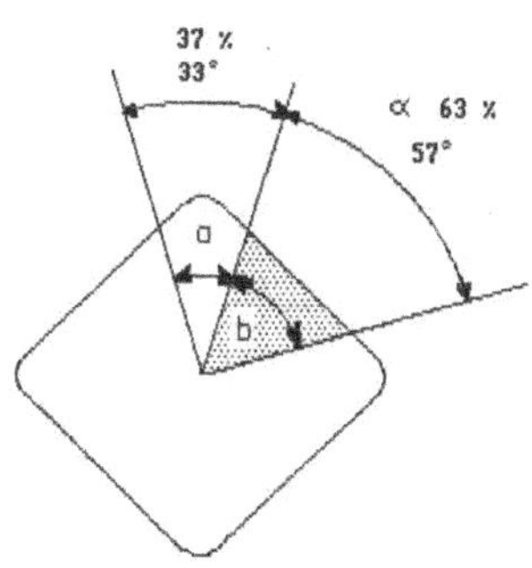

6 cylindres

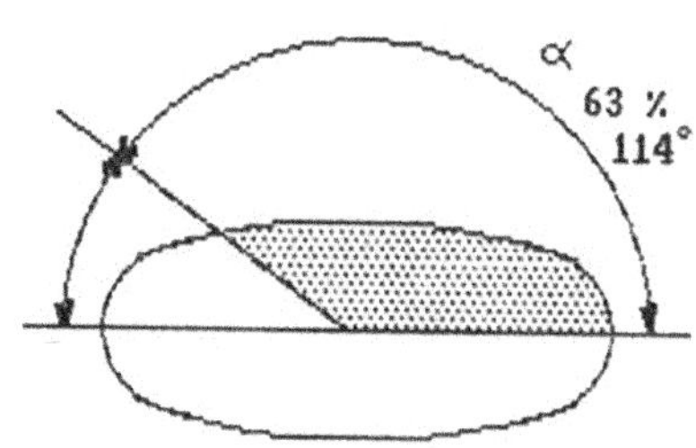

2 cylindres

Calage de l'allumeur

Matériel

Lampe stroboscopique à déphasage

Méthode :

. **Moteur :**

- Positionner les soupapes du cylindre opposé en balance.
- 4 cylindres : le 4 pour le 1 en fin de compression.

- 6 cylindres : le 6 pour le 1 en fin de compression.
- Positionner le cylindre 1 au PMH.

. **Allumeur.**

- Rechercher le sens de rotation de l'allumeur avec le rotor.
- Le sens de rotation est dans le sens de développement de l'avance.
- Positionner l'allumeur de façon que le toucheau du linguet soit devant une came.
- Serrer légèrement l'allumeur.
- Connecter le fil de la bobine à la borne rupteur.
- Mettre le contact.
- Approcher le fils haute tension de la bobine à 5 mm de la masse.
- Tourner l'allumeur en sens inverse du sens de rotation du rotor jusqu'à la production d'étincelle au fil de la bobine.
- Bloquer l'allumeur.
- Mettre le rotor.
- Repérer sur la tête d'allumeur la borne qui correspond au rotor.
- Connecter le fil haute tension à la bougie du cylindre N° 1
- Connecter les autres fils en suivant l'ordre d'allumage.
- Généralement :
- 4 cylindres = 1 - 3 - 4 - 2 : parfois 1 - 2 - 4 - 3
- 6 cylindres = 1 - 5 - 3 - 6 - 2 - 4

- Réglage du point d'avance.
- Mettre le moteur en marche au ralenti.
- Débrancher l'avance à dépression.
- Desserrer l'allumeur.
- Relier la lampe sur le fils de la 1re bougie.
- Afficher sur la lampe l'avance initiale avant le PMH

– Tourner l'allumeur pour que le repère de la poulie soit en face du repère fixe.
– Arrêter le moteur.
– Serrer l'allumeur.
– Brancher l'avance à dépression.

Réglage de l'avance centrifuge allumeur Ducellier

525187A	Référence de l'allumeur
R244	Référence de la courbe d'avance centrifuge
D61	Référence de la courbe d'avance à dépression

Matériel.

Une notice technique du véhicule.
Un banc d'essais d'allumeur.
Ou
Une lampe stroboscopique à déphasage.
Un compte tour.

Méthode.

Relever les caractéristiques de l'allumeur.
Tracer la courbe.

Exemple : ALLUMEUR **2** : 600 **7** : 1100 **14** : 2500

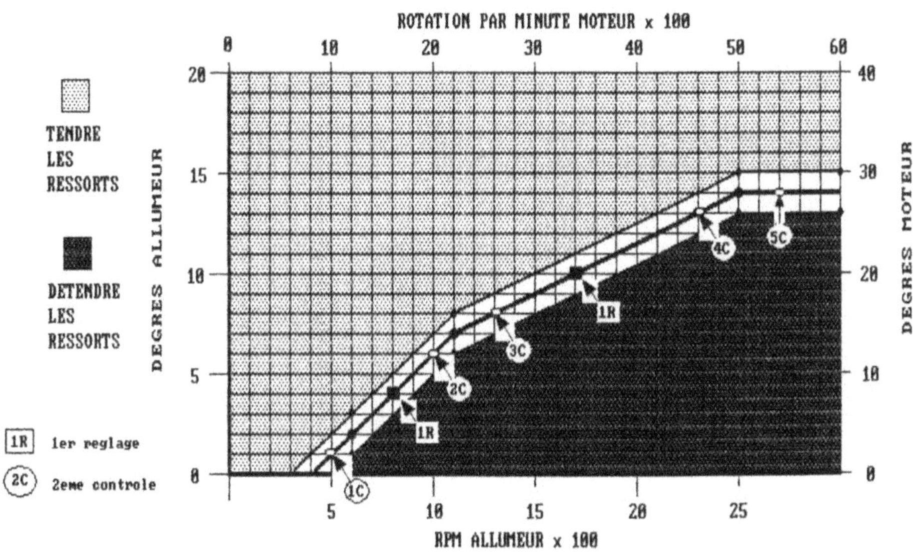

Avec une lampe stroboscopique et un compte tour.
Régler l'avance initiale à zéro degré
Mettre le moteur 1600 t/mn
Relever l'avance avec la lampe stroboscopique.
Tracer le point sur la courbe.
Mettre le moteur à 3400 t/mn

Relever l'avance avec la lampe stroboscopique.
Tracer le point sur la courbe.
Dans la première partie de la courbe
Tendre ou détendre le ressort à fil fin.
Dans la deuxième partie de la courbe.
Tendre ou détendre le ressort à gros fil.
Contrôler la courbe en 5 points.

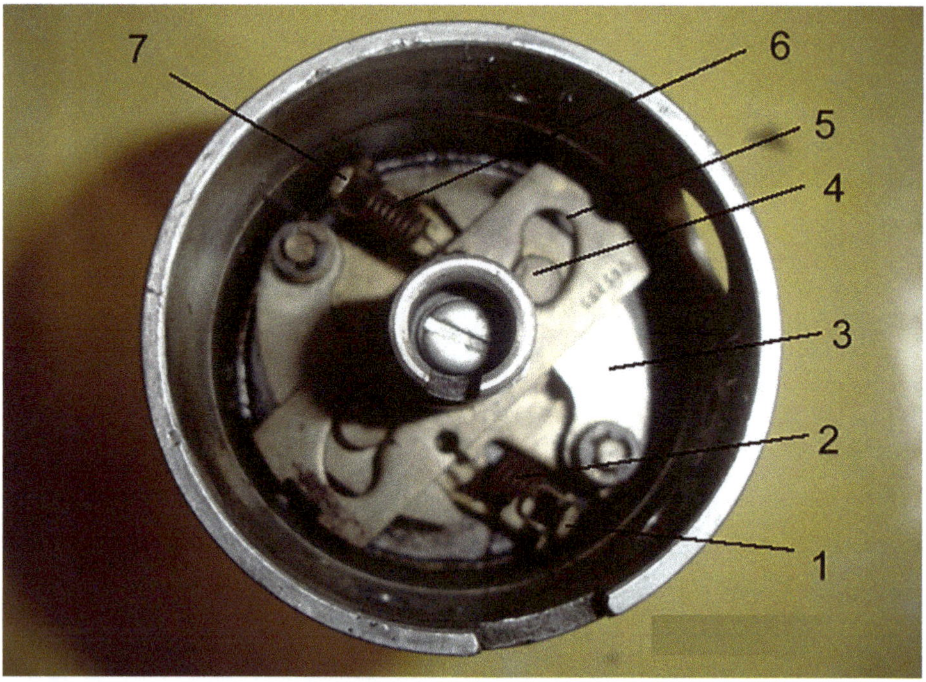

1	Attache du ressort à gros fil
2	Ressort à gros fil
3	Masse
4	Ergot
5	Fente haricot
6	Ressort à fil fin
7	Attache du ressort à fil fin

Réglage de l'avance à dépression – allumeur Ducellier

Matériel.

Une notice technique du véhicule.

Un banc d'essais d'allumeur.
Ou
Une lampe stroboscopique à déphasage.
Un compte tour.
Une pompe à vide.

Méthode.

Relever les caractéristiques de l'allumeur.
Tracer la courbe.

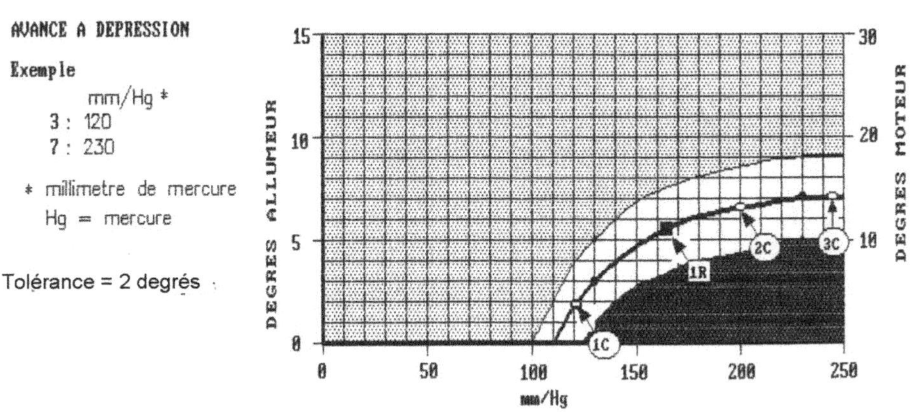

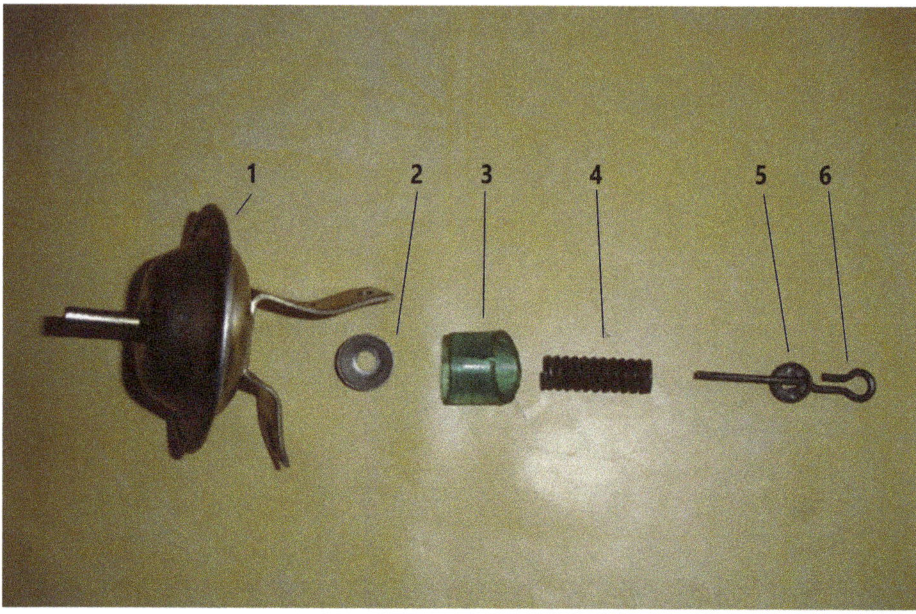

1	Capsule à dépression
2	Coupelle
3	Protection
4	Ressort
5	coupelle
6	tige

- Régler l'avance initiale à Zéro degré.
- Moteur à la vitesse de rotation du ralenti.
- Boucher le trou de la membrane avec un bout d'adhésif.
- Avec une pompe à vide provoquer une dépression de 160 mm/hg
- Si la pression ne tient pas, la membrane est percée.
- Tourner la crête coq pour tendre ou détendre le ressort.
- Vérifier l'angle de came à la dépression maxi (ex 250 mm/hg)
- Ajuster l'angle de came avec l'excentrique à méplat.
- Ne pas oublier d'enlever l'adhésif.

Réglage du moteur à l'avance dynamique

Matériel.

- Notice technique du constructeur.
- Un compte tour
- Une lampe stroboscopique à déphasage.

Méthode.

Tracer la courbe d'avance centrifuge.

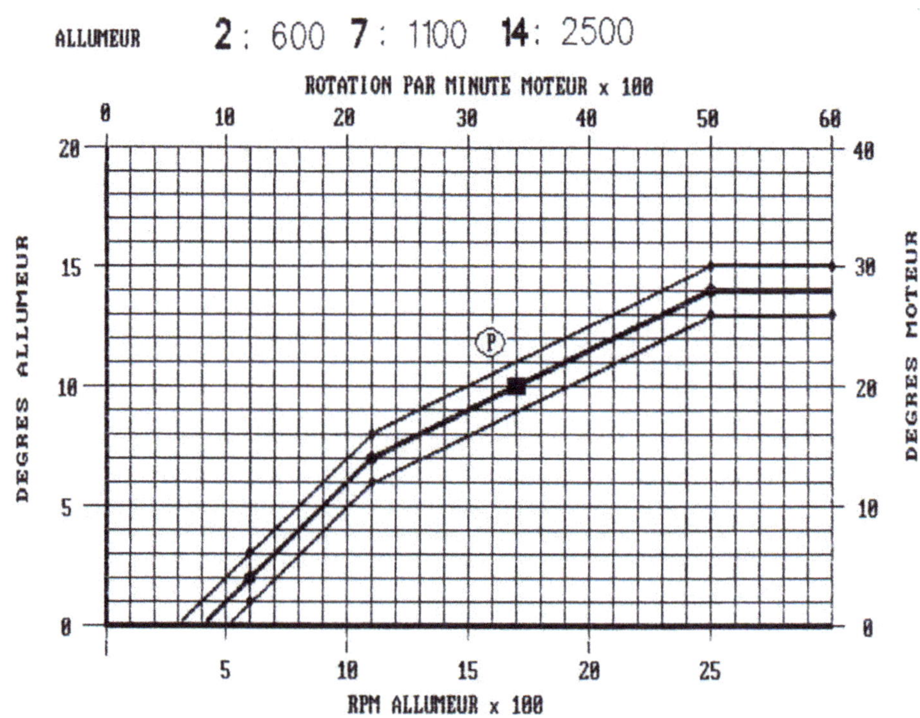

- Prendre le milieu de la deuxième courbe.
- Exemple 20° à 3400 t/mn
- Calculer l'avance totale à 3400 t/mn
- Avance initiale + avance centrifuge à 3400 t/mn
- Exemple :
- Avance initiale 7°
- Avance totale à 3400 t/mn
- 7° + 20° = 27°
- Débrancher l'avance à dépression.
- Avec le compte tour amener le moteur à 3400 t/mn
- Afficher sur la lampe stroboscopique 27°
- En tournant l'allumeur, amener le repère de la poulie en face du repère du PMH.
- Bloquer l'allumeur
- Rebrancher l'avance à dépression.
- Régler le ralenti.

La bobine

La bobine est un transformateur de courant. Il transforme du 350 volts alternatifs en 20 000 volts.

BOBINE À
BAIN D'HUILE

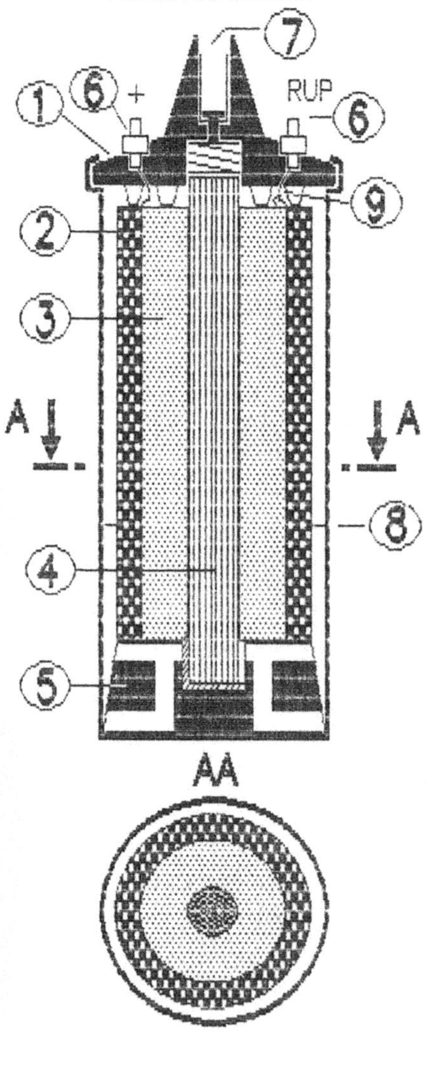

1 - Couvercle

2 - Enroulement primaire

3 - Enroulement secondaire

4 - Noyau

5 - Isolateur

6 - Borne primaire

7 - Borne haute tension

8 - Niveau d'huile

9 - Epissure Prim/Second.

Bobine sèche

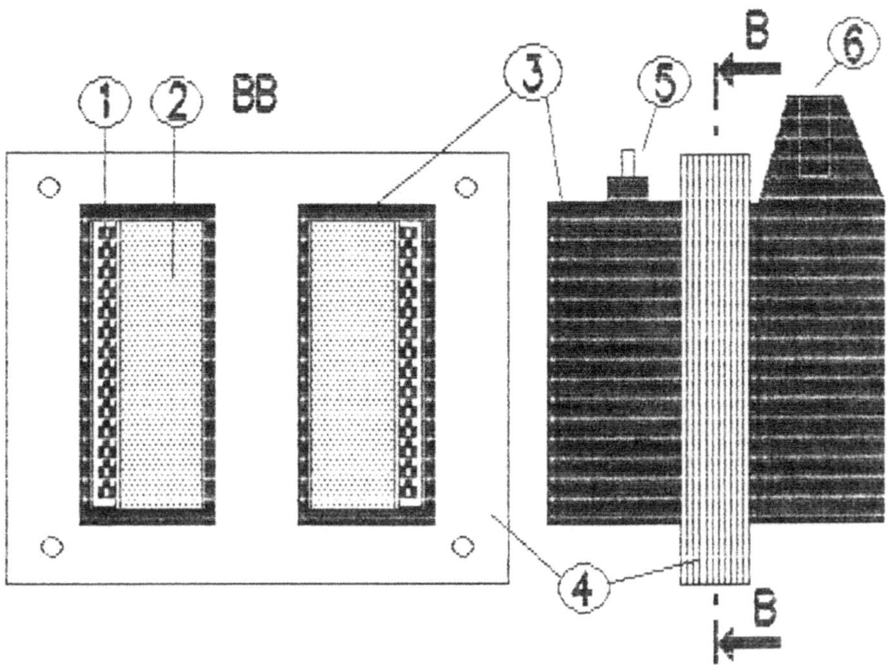

1 - Enroulement primaire
2 - Enroulement secondaire
3 - Isolant
4 - Cadre (tole)
5 - Borne primaire
6 - Borne secondaire

Bobine avec résistance ballast

Système équipé d'un démarreur
avec borne supplémentaire

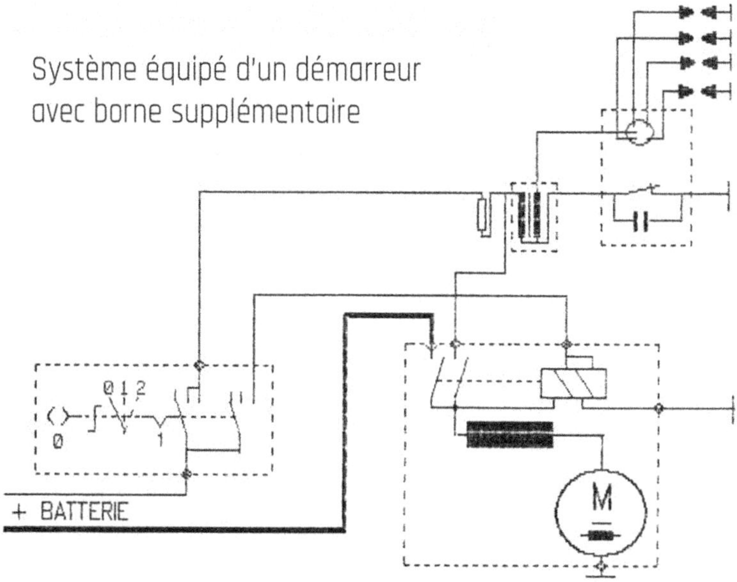

Système équipé d'un démarreur
classique et d'un relais

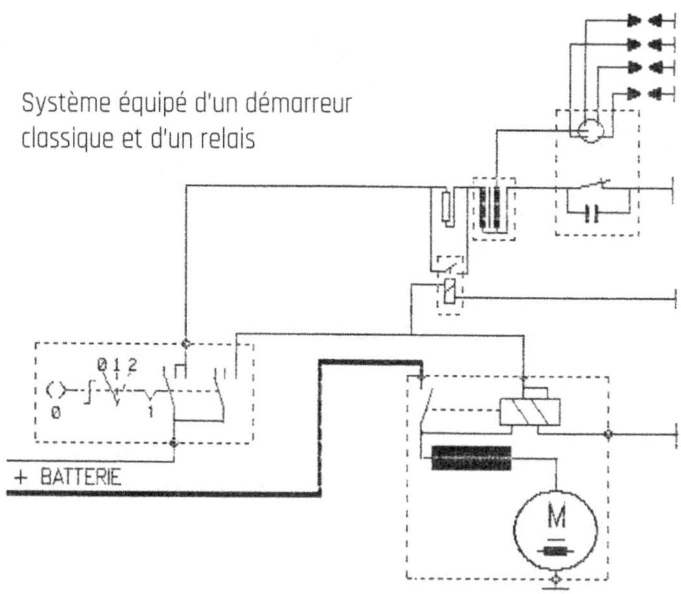

Lors du démarrage la tension de la batterie chute à 10 volts.
L'intensité est proportionnelle à la tension.
Le champ magnétique est plus faible dans la bobine donc le courant haute tension est plus faible.
Les constructeurs ont donc mis en série une résistance avec la bobine.
Lors du démarrage la résistance est shuntée (supprimée).
La bobine a une résistance plus faible du primaire 3,5 Ohms au lieu 4,5 Ohms.

. **Ne jamais supprimer la résistance ballast.**

MOTEUR ESSENCE - CARBURATEUR

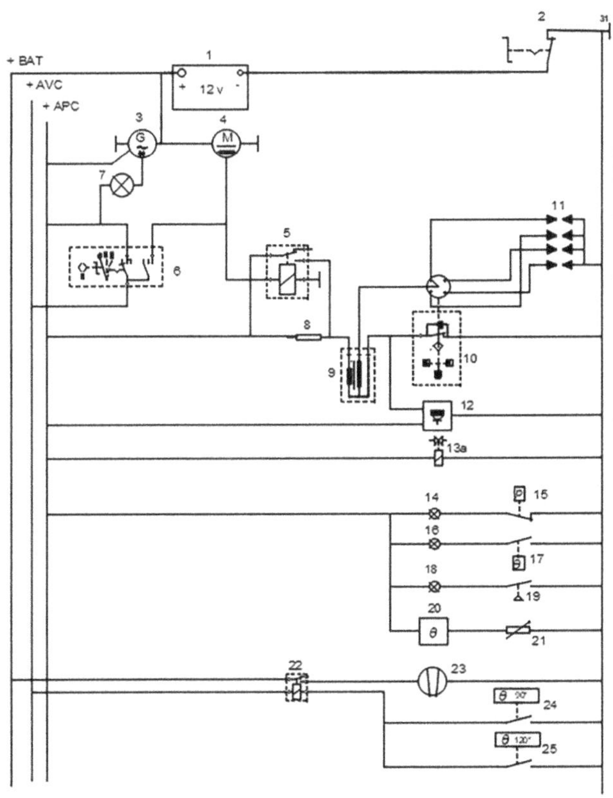

Contrôle d'une bobine

Matériel

Un Ohmmètre

Résistance du primaire pour une bobine 12 volts.

Système avec rupteurs.
Primaire 4,5 Ohms Secondaire = 20 000 Ohms.
Système avec rupteurs + résistance ballast.
Primaire 3,5 Ohms Secondaire = 20 000 Ohms

Allumage électronique.
Primaire 1,5 Ohms à 0,5 Ohm suivant les types d'allumage.

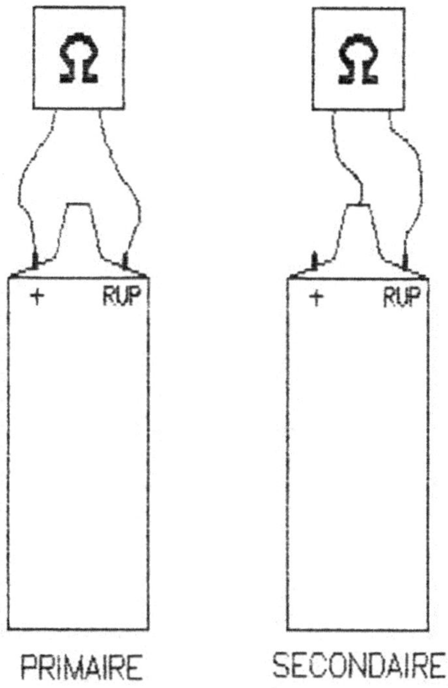

La bougie

La bougie est un éclateur où se produit l'étincelle qui allume le mélange dans la chambre de combustion.

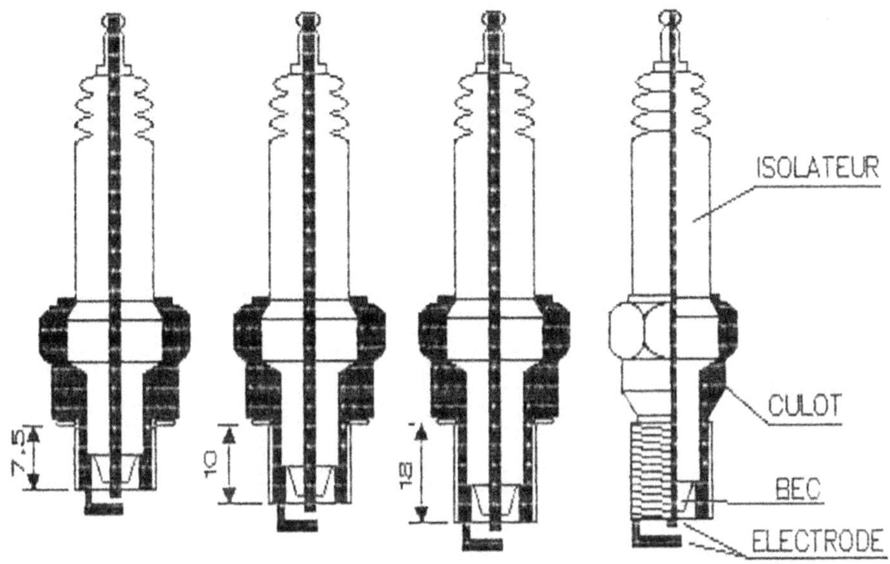

Bougie de culot 14 x 125 CULOT CONIQUE

Il existe plusieurs longueurs de culot.

- **Ne jamais remplacer un type de bougie par un autre.**

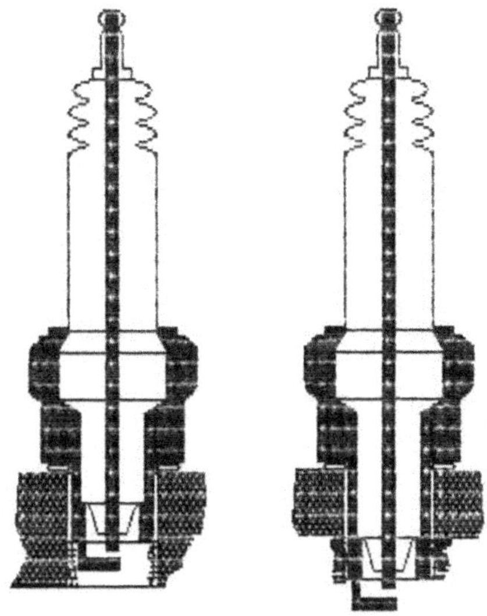

Gamme thermique de la bougie.

Refroidissement de la bougie.

La gamme thermique des bougies désigne des bougies froides aux bougies les plus chaudes.

Il ne faut jamais remplacer une bougie d'un degré thermique donné par une bougie d'un degré thermique différent.

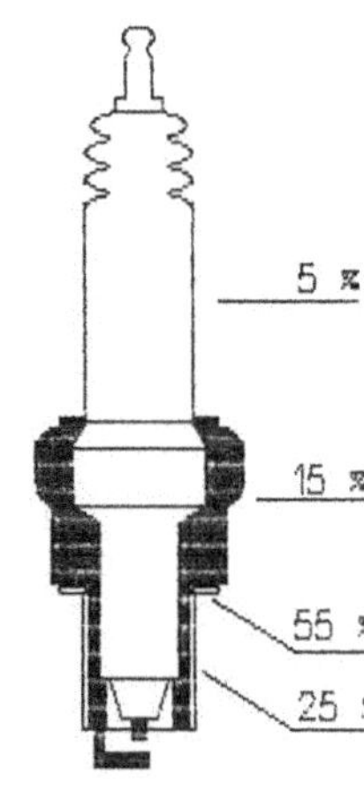

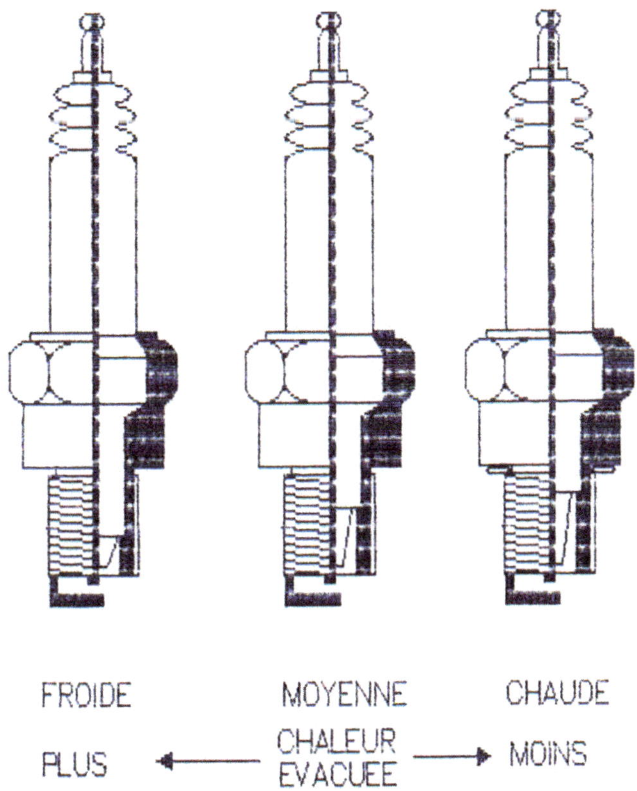

Gamme thermique

Le constructeur du moteur a défini un degré thermique de bougie en fonction de l'auto nettoyage de la bougie.

Remplacer une bougie par une bougie plus froide la bougie ne se nettoiera pas et s'encrassera.

Remplacer une bougie par une bougie plus chaude il y a grand risque qu'elle fasse chalumeau et perce le piston.

Réglage de l'écartement des bougies.

Avec les allumages électroniques, il est primordial de respecter l'écartement des électrodes d'une bougie, donc de consulter la notice technique du constructeur.

électrodes usés

En général :

Allumage électronique = 0,9 mm
Allumage à rupteurs = 0,6 mm.

Un écartement trop important provoque des ratées à haut régime.

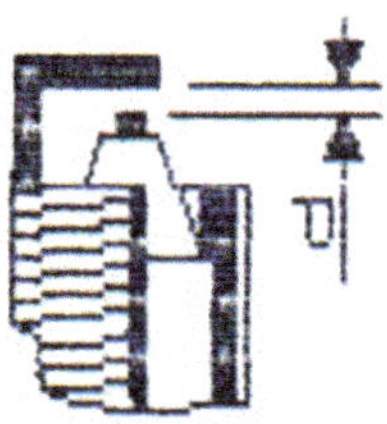

d = écartement voir NT constructeur

LES FILS HAUTE TENSION DES BOUGIES

Les fils haute tension sont antiparasités depuis 1962 pour ne pas perturber la réception des téléviseurs et des postes de radio.

Il existe plusieurs classes de fils haute tension.
Il se peut que les fils de classe 2 ne permettent pas le déclenchement de la lampe stroboscopique. Il faut alors remplacer le fil par un fil moins résistant.

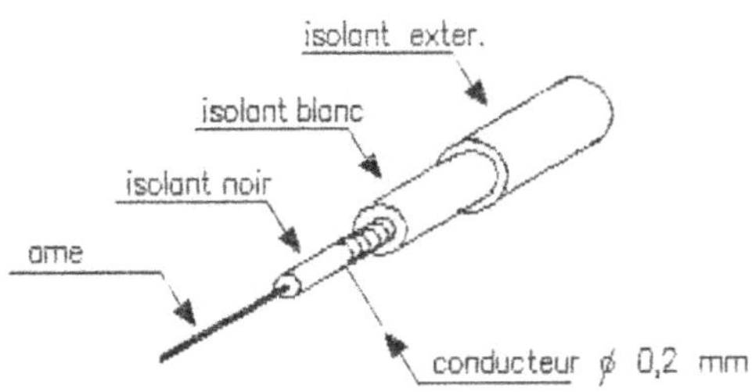

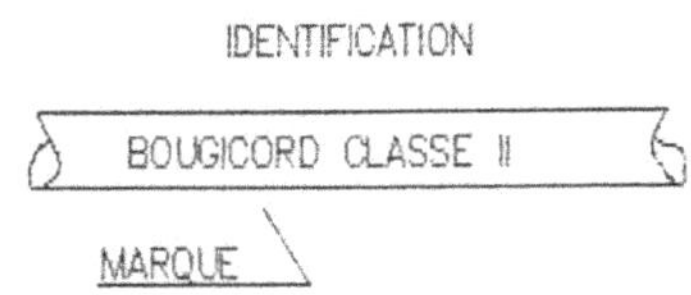

Contrôle d'un fil haute tension

Matériel

Un Ohmmètre.

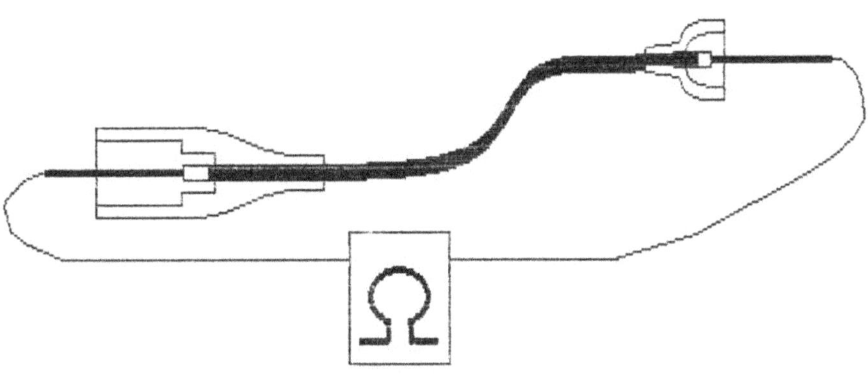

La résistance des fils haute tension varie avec leur longueur.

Un fils à haute tension coupé provoque des ratées du moteur à haut régime.
Des vieux fils prennent l'humidité et provoquent des pannes au démarrage.

Si vous ne trouvez pas le faisceau de fils correspondant, FIAT vendait les fils à l'unité suivant la longueur. C'est plus économique que d'acheter plusieurs faisceaux.

L'ALLUMAGE ÉLECTRONIQUE

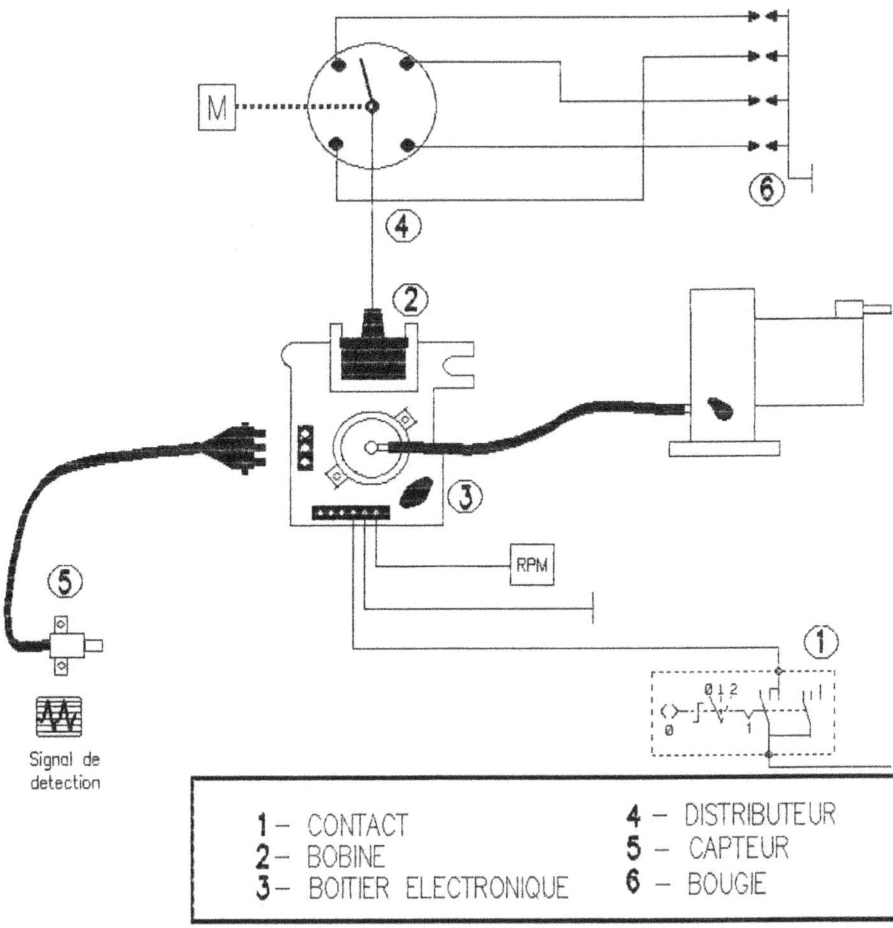

Le volant moteur est équipé d'une cible captée par le capteur de PMH

Le calculateur définit en fonction du signal du capteur, la vitesse du moteur, par le capteur à dépression il définit la charge du moteur.

En fonction de ces paramètres le calculateur définit le point d'allumage.

On ne peut plus parler de courbe d'allumage mais de cartographie d'allumage.

La panne la plus fréquente sur ces systèmes et le capteur de PMH. Pour le contrôler il faut posséder un oscilloscope.

À l'heure actuelle il n'y a plus de distributeur. Le calculateur pilote deux bobines pour un quatre cylindres ou trois bobines pour un six cylindres.
Chaque extrémité du secondaire de chaque bobine est reliée à une bougie.

C'est un système qui ressemble à l'allumage de la 2CV Citroën mais quand même plus sophistiqué.

Liens utiles.

- http://denis.tauvel.free.fr/allumage.htm
- http://a110.free.fr/pages/technique/phl/g12-AEPL-V8cyl.pdf
- http://www.bougicord.com
- http://www.autoelectricsupplies.fr/

- II -

LE CARBURATEUR

Le carburateur

Avant propos

Il peut être désuet de parler de carburateur puisque ceux-ci ne sont plus montés depuis 1995.

Mais se rappeler leurs différentes fonctions peut aider à la compréhension des fonctions des injections électroniques mono point et multi points, démarrage à froid, ralenti, reprise, marche normale.

Je tiens à rappeler qu'un carburateur ne se dérègle pas tout seul. Par contre il s'use au niveau de l'axe de papillon dans le corps. Ceci est un problème pour remettre correctement en état un véhicule ancien.

Yves Valleix

Les circuits d'un carburateur

Le carburateur

Rôle

Assurer un mélange homogène Air Essence à tous les régimes moteur et à chaque variation de la charge moteur.

Composition.

- Un circuit de ralenti.
- Un circuit de marche.
- Un circuit de pompe de reprise.
- Un système de départ à froid.

Les derniers carburateurs comprennent :

- Un circuit d'éconostat.
- Un circuit enrichisseur.

La combustion de l'essence dans l'air

Combustion parfaite dite **stoechiométrique**.

$$C_7H_{16} + 11(O_2 + 4N_2) = 7CO_2 + 8(H_2O) + 44N_2$$

	Molécule	Composée de
C_7H_{16}	Essence	7 atomes de carbone 16 atomes d'hydrogène
$O_2 + 4N_2$	Air	2 atomes d'oxygène + 4 fois 2 atomes azote
CO_2	Dioxyde de carbone Gaz carbonique	1 atome de carbone 2 atomes d'oxygène
H_2O	Eau	2 atomes d'hydrogène 1 atome d'oxygène
N_2	Diazote	2 atomes d'azote

Masse moléculaire

C = 12	O = 16
H = 1	N = 14

$$C_7H_{16} + 11(O_2 + 4N_2) = 7CO_2 + 8(H_2O) + 44N_2$$

$$(7x12) + (16 x 1) + 11(2x16 + 4(2 x 14)) = 7(12+(2x16)) + 8((2x1)+16) + 44(2x14)$$

$$100 + 1584 = 308 + 144 + 1232$$

$$1684 = 1684$$

Pour brûler 100 g d'essence il faut 1584 g d'air.
Soit 1 g d'essence pour 15,84 g d'air.
Soit environ 1/16
Titre λ = 1

Combustion riche

$$C_7 H_{16} + 10(O_2 + 4N_2) = 5CO_2 + 8(H_2 O) + 40N_2 + 2CO$$

	Molécule	Composée de
C_7H_{16}	Essence	7 atomes de carbone 16 atomes d'hydrogène
$O_2 + 4N_2$	Air	2 atomes d'oxygène + 4 fois 2 atomes azote
CO_2	Dioxyde de carbone Gaz carbonique	1 atome de carbone 2 atomes d'oxygène
H_2O	Eau	2 atomes d'hydrogène 1 atome d'oxygène
CO	Monoxyde de carbone	1 atome de carbone 1 atome d'oxygène
N_2	Diazote	2 atomes d'azote

Masse moléculaire

C = 12	O = 16
H = 1	N = 14

$$C_7 H_{16} + 10(O_2 + 4N_2) = 5CO_2 + 8(H_2 O) + 40N_2 + 2CO$$

$$(7x12) + (16 x 1) + 10(2x16 + 4(2 x 14)) = 5(12+(2x16)) + ((2x1)+16) + 40(2x14) + 2(12+16)$$

$$100 + 1440 = 220 + 144 + 1120 + 56$$

$$1540 = 1540$$

Titre = 1/14
Titre λ = 0,90 = (1440/1584)

CO2 = 14,28 % de la masse des gaz
CO = 3,63 % de la masse des gaz.

Le monoxyde de carbone (CO) n'est pas transformé par les plantes. Ce gaz détruit les globules rouges du sang.

- **Pour éviter les accidents graves et mortels, il faut évacuer les gaz d'échappement des fosses de travail et des ateliers.**

Combustion pauvre

$$C_7H_{16} + 12(O_2 + 4N_2) = 7CO_2 + 8(H_2O) + 47N_2 + 2NO$$

	Molécule	Composée de
C_7H_{16}	Essence	7 atomes de carbone 16 atomes d'hydrogène
$O_2 + 4N_2$	Air	2 atomes d'oxygène + 4 fois 2 atomes azote
CO_2	Dioxyde de carbone Gaz carbonique	1 atome de carbone 2 atomes d'oxygène
H_2O	Eau	2 atomes d'hydrogène 1 atome d'oxygène
NO	Monoxyde d'azote	1 atome d'azote 1 atome d'oxygène
N_2	Diazote	2 atomes d'azote

Masse moléculaire

C = 12	O = 16
H = 1	N = 14

$$C_7H_{16} + 12(O_2 + 4N_2) = 7CO_2 + 8(H_2O) + 47N_2 +2NO$$

(7x12)+(16x1)+12((12+(2x16)+4(2x14 = 7((12+(2x16))+8((2x1)+16)+47(2X14)+2(14+16)

100 + 1728 = 308 + 144 + 1316 + 60

1828 = 1828

Titre 1/17

NO = 3,28 % de la masse des gaz

Titre λ = 1,09 = (1728/1584)

Le diazote est un gaz inerte mais à très haute température il se combine avec l'oxygène.
Le monoxyde d'azote se combine avec l'air et forme le dioxyde d'azote NO_2
Le dioxyde d'azote se combine avec l'eau et forme l'acide nitrique HNO_3
Les NOx qui figurent sur les tableaux de carburation comprennent les gaz formés avec l'azote.

Contrôle antipollution d'un véhicule essence

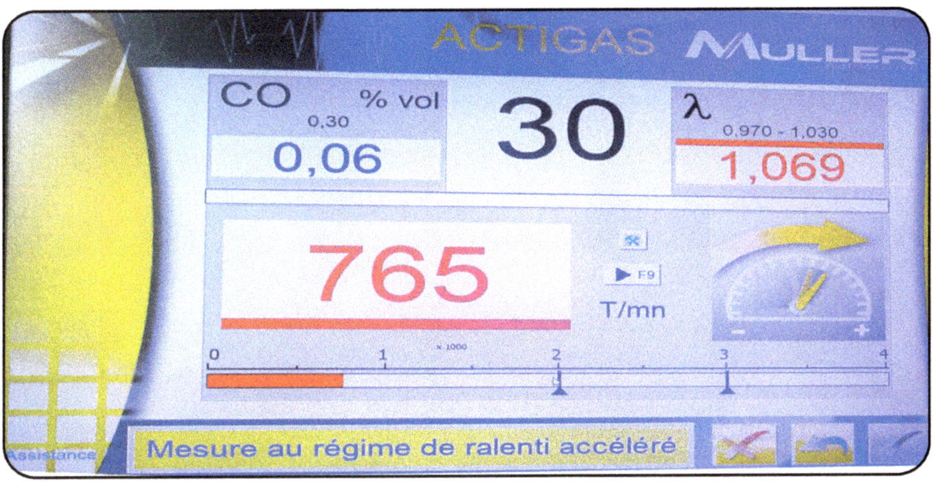

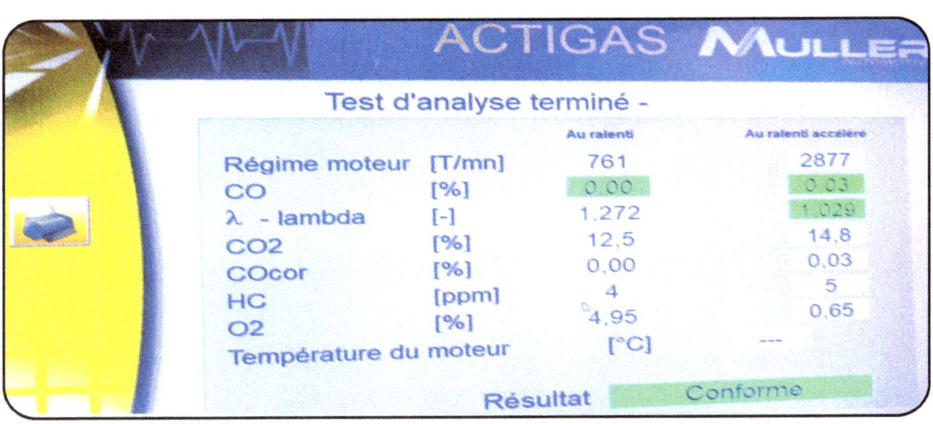

VUE ECLATEE D'UN CARBURATEUR– NOMENCLATURE –

1 – Joint de corps.
2 – Vis de richesse complete.
3 – Ressort de rappel d'accelerateur.
4 – g – gicleur de ralenti.
5 – Temoin d'inviolabilite de vis de papillon.
6 – Vis de papillon.
7 – Agrafe de temoin d'inviolabilte.
8 – Support de commande de depart a froid.
9 – Rondelle W
10 – Vis
11 – Arret de gaine de commande de depart a froid.
12 – Va – Vis de volume.
13 – Ressort frein de 12
14 – Vis pointeau de maintien de buse.
15 – gCo – Gicleur de ralenti de CO constant.
16 – Buse.
17 – S – Tube d'emulsion.
18 – a – Ajutage d'automaticite.
19 – Tringle de commande de volet de depart.
20 – Embout d'arrivee de carburant.
21 – Filtre de carburant.
22 – Rondelle W.
23 – Bouchon.
24 – Joint cuivre du pointeau.
25 – P – Pointeau.
26 – Agrafe de pointeau.
27 – Vis de maintien d'injecteur de pompe de reprise.
28 – i – Injecteur de pompe de reprise complet.
29 – Vis de maintien de dessus de cuve.
30 – Vis de maintien de pompe de reprise.
31 – Gg – Gicleur principal de marche.
32 – Tringle montee de commande de pompe de reprise.
33 – Support de Gg (31)
34 – Filtre de pompe de reprise.
35 – Clapet d'aspiration de pompe de reprise.
36 – Ressort frein de la vis de richesse (37)
37 – Vis de richesse.
38 – Joint de cuve.
40 – Joint de bouchon.
41 – Joint de pointeau.
42 – Joint d'injecteur de pompe de reprise.
43 – Joint de Gg.
44 – Ressort de rappel de pompe de reprise.
45 – Membrane de pompe de reprise.
AB – Corps complet.
C – Dessus de cuve complet.
D – Pompe de reprise complete.

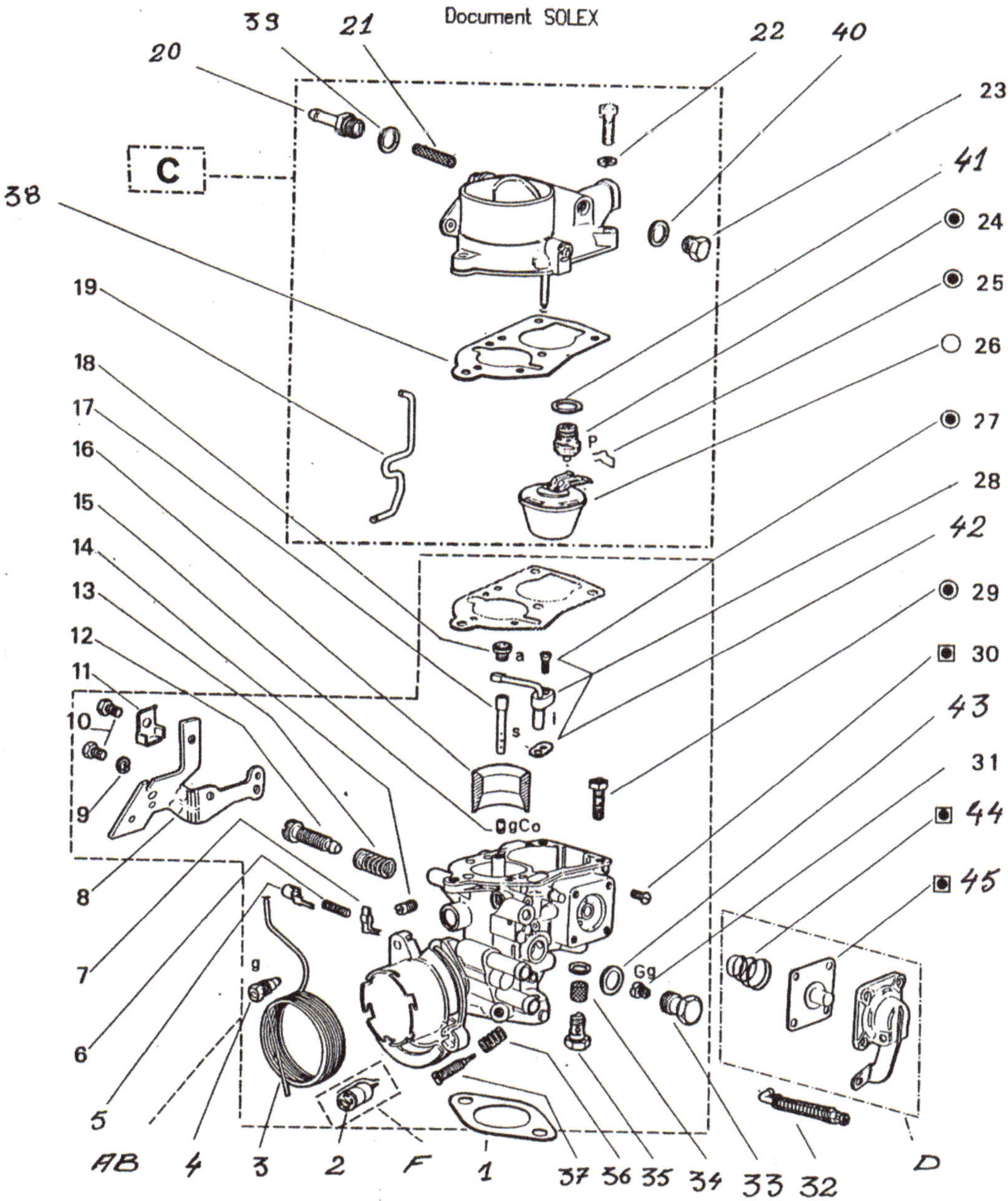
Document SOLEX
C
D
AB
F
a
s
P
g
gCo
Gg
1
2
3
4
5
6
7
8
9
10
11
12
13
14
15
16
17
18
19
20
21
22
23
24
25
26
27
28
29
30
31
32
33
34
35
36
37
38
39
40
41
42
43
44
45

Légende des schémas des carburateurs

A	Ajutage d'automaticité
Ce	Calibreur d'éconostat
d	Puits de giclage
E	Econostat
Gg	Gicleur général ou principal
Gp	Gicleur de pompe de reprise
gCO	Gicleur de ralenti à CO constant
I	Injecteur de pompe de reprise
K	Buse ou diffuseur
P	Pointeau
S	Tube d'émulsion
u, u1, u2	Ajutage d'air
V	Volet ou papillon des gaz
Va	Vis de volume d'air
W	Vis de richesse d'air
Z	Vis d'air de ralenti

Le carburateur élémentaire

Principe de fonctionnement d'un carburateur.

P = Pression atmospherique

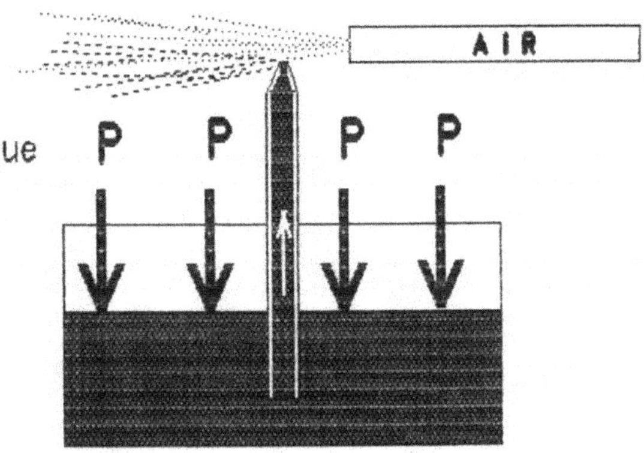

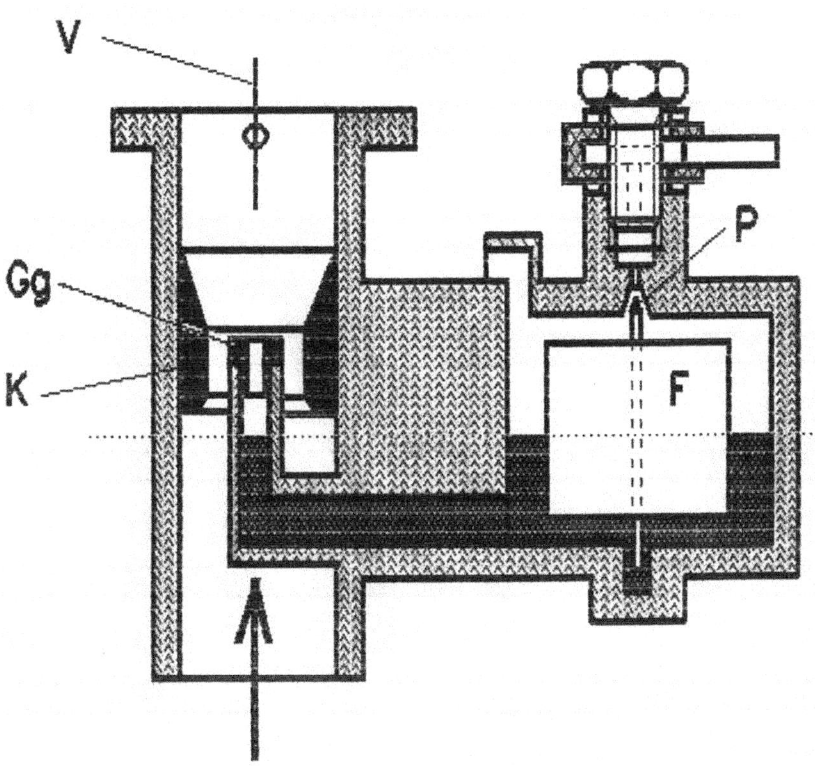

Mélange air essence du carburateur élémentaire

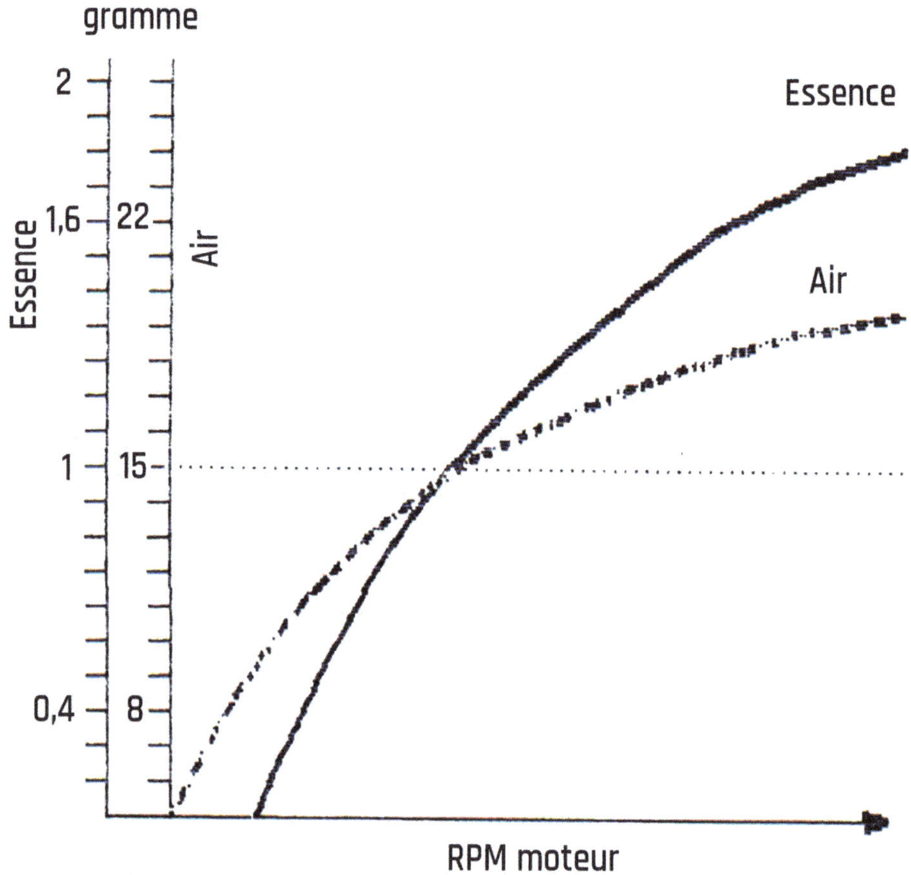

Le carburateur inversé

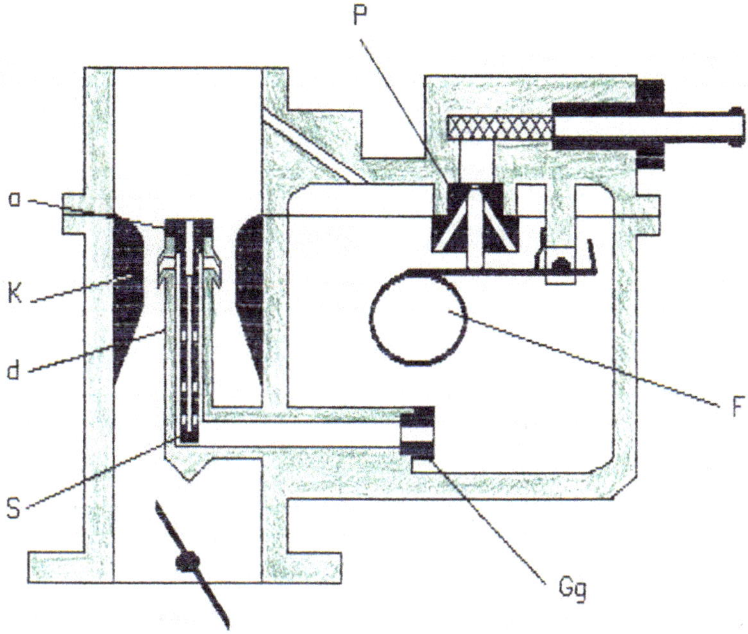

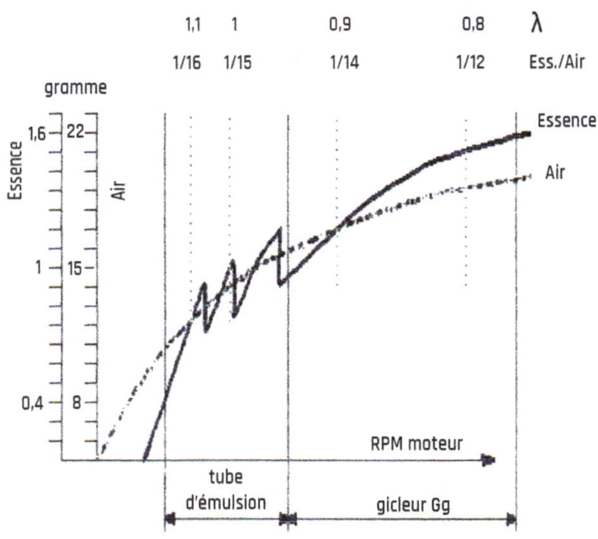

Le circuit de marche.

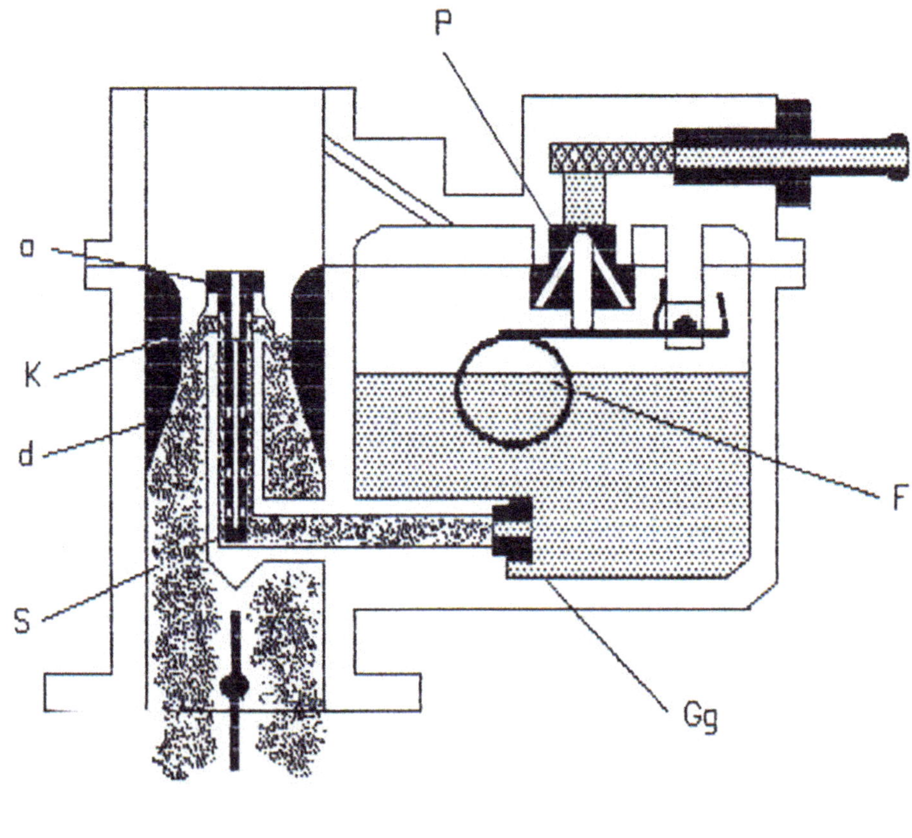

Le circuit de ralenti.

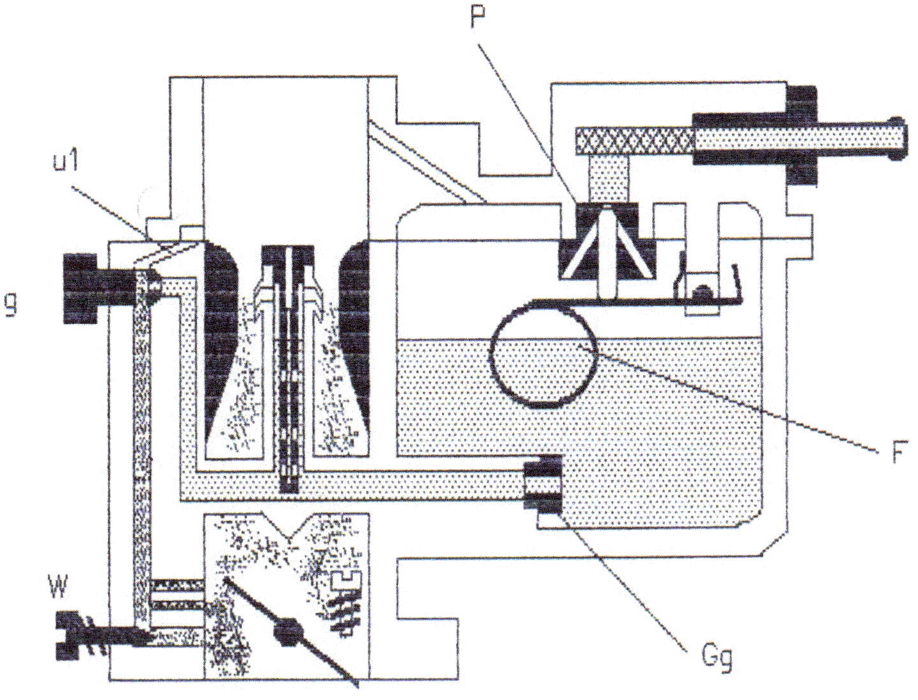

Le circuit de ralenti dépollué

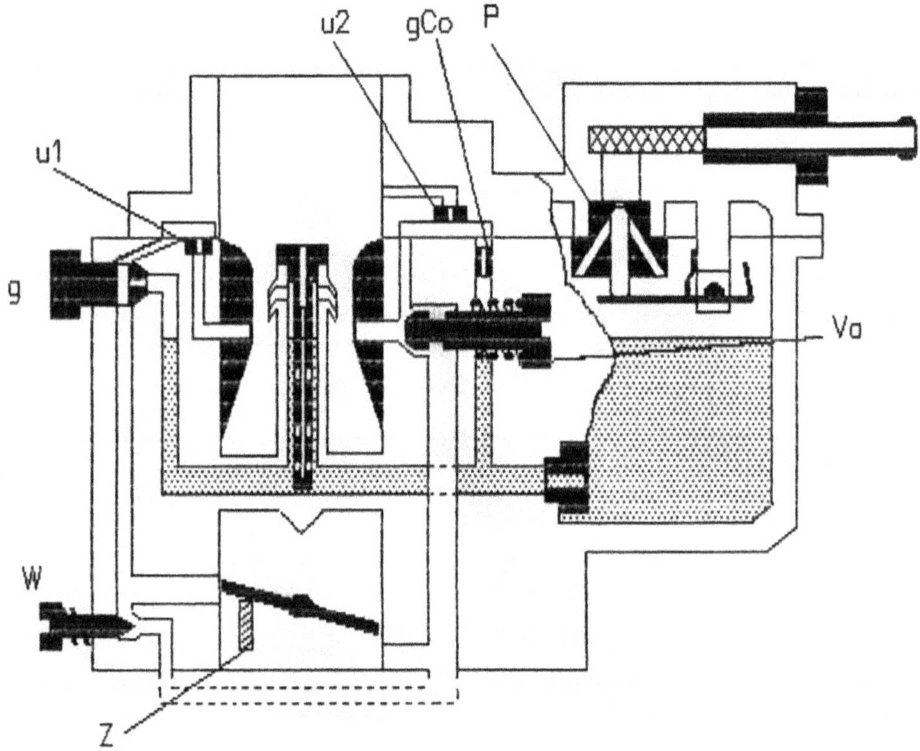

Le système de départ à froid avec OVAD

OVAD = Ouverture volet après départ.

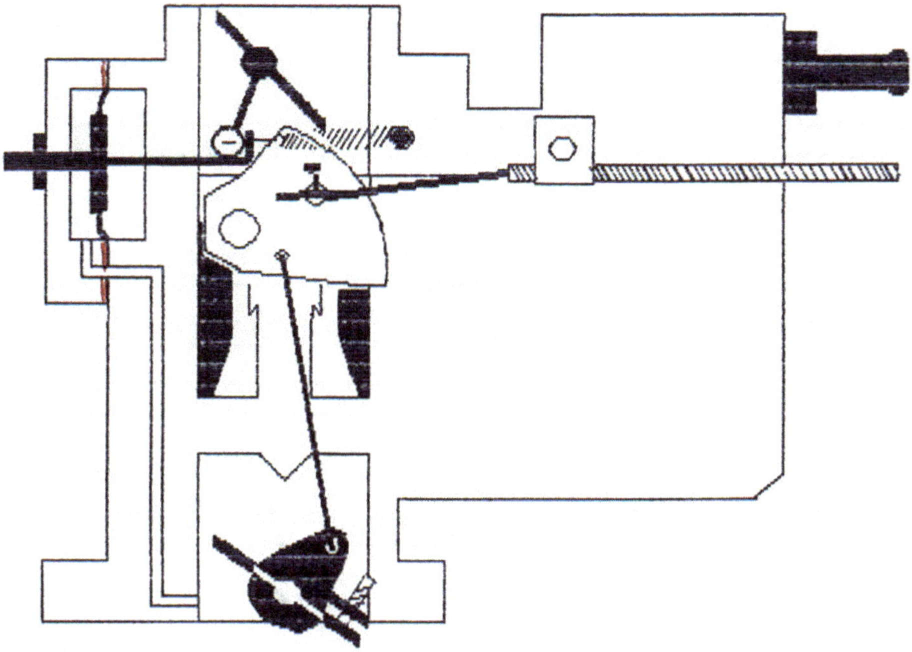

Pompe de reprise

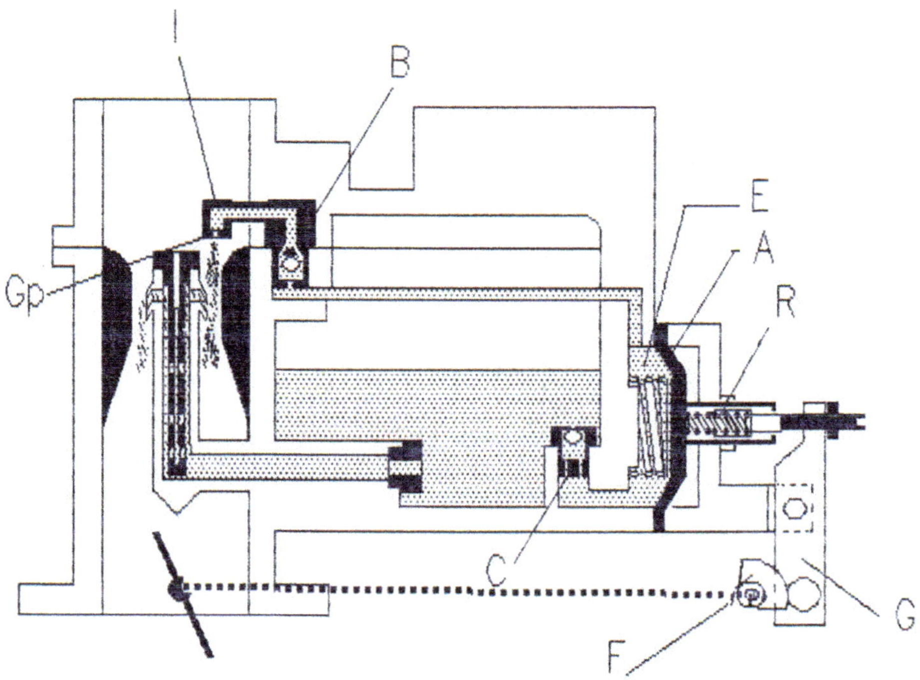

Econostat

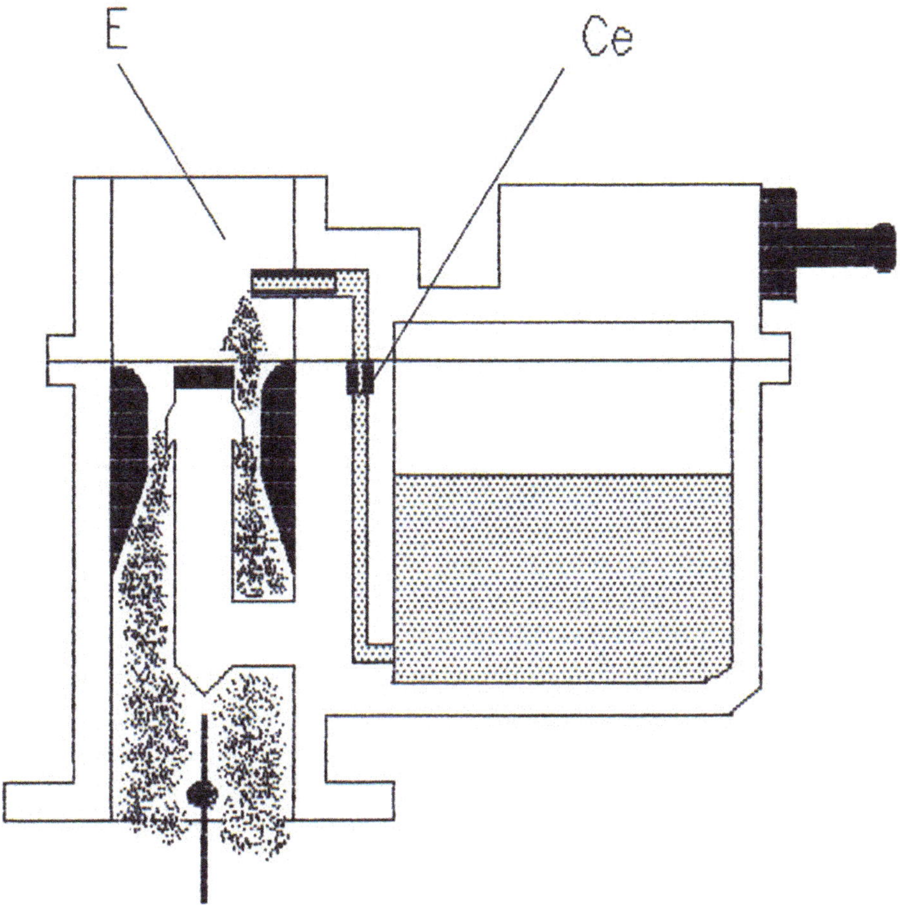

Enrichisseur

RPM > 4500 t/mn

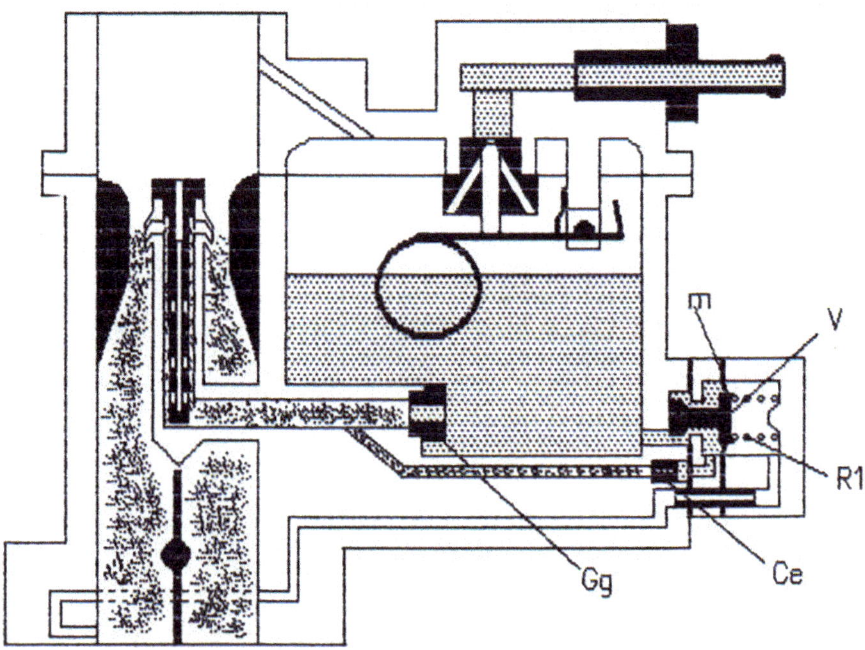

m = membrane
V = Vanne
R1 = ressort
Ce = Calibreur d'enrichisseur
Gg = Gicleur général ou principal

Réglage d'un carburateur

Réglage niveau de cuve Solex

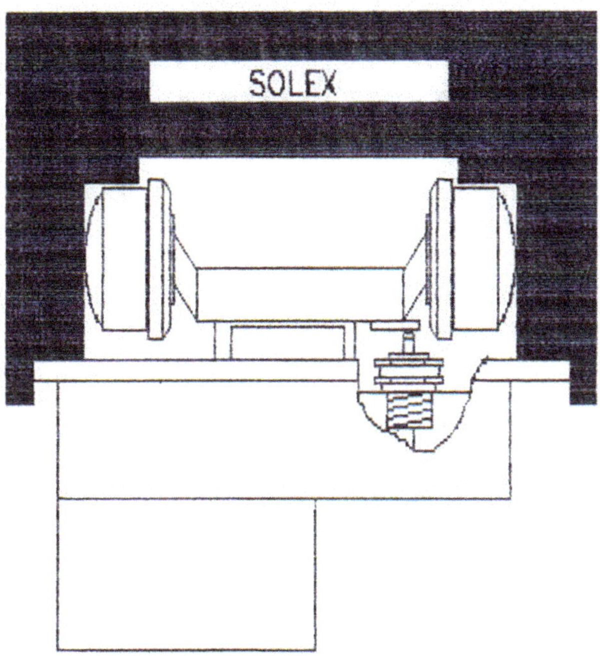

Réglage niveau de cuve Weber

Cote X

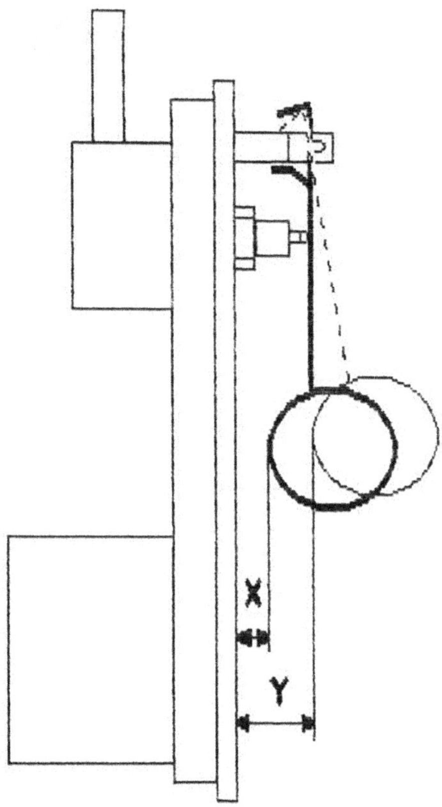

Cote Y

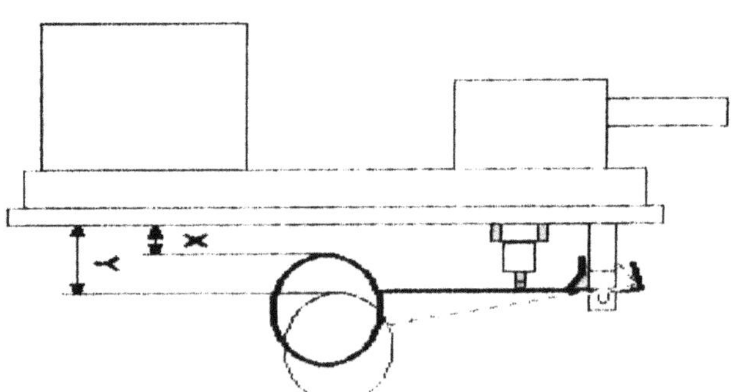

Hauteur de cuve carburateur Weber - 1

Type	X	Y
24 IMB	8	15
26 IMB	7	14
26 OC	7.5	14
23 IMB	7	14
30 DI	7	14
30 DIC	8-9	*
30 DGF	6	13
30 DGS	6	13
30 IBA	6.5	13.5
30 ICF	7	14
32 CIC	6.5-7.5	*
32 DAR	7	14
32 DAT	7	14
32 DCOF	7	14
32 DFT	8	15
32 DHS	6	13
32 DIR 24	5	12
32 DIR 29	7	14
32 DIR 41	7	14
32 DIR 41/100	7.5	14.5
32 DISA	4-5	*
32 DISA 2-7	4-5	*
32 DISA 40	2-3	*
32 DTMR	7	14
32 IBA	6	13
32 IBSA	6	13
32 ICB-ICV	6	13
32 ICEV 50	11	18

Type	X	Y
25/150	36	43
32 ICH	7	14
32 ICR	5.5	12.5
32 TEIE	9-10	*
34 ADF	6	13
34 CIC	4-5	*
34 DAT	7	14
34 DATR-DMTR	7	14
34 DCHD-DCHE	5.5	12.5
34 DMS	7	14
34 DMTR 47/350	7	14
34 TCIC 5	4-5	*
36 DCNF 24	54	61
36 DCNF 49/100	52	59

- X = fermeture du pointeau
- Y = distance dessus de cuve-flotteur au repos.
- * = noter la valeur avant la dépose du flotteur.

Hauteur de cuve carburateur Weber - 2

Type	X	Y
36 DCNV-A-H	52	59
40 ADDHE	2-3	*
40 DCOE	8	15
40 DCOE 24-28-32	8.5	12.5
40 DCOE 72/73	7.5	14.5
30-32 DI	8-9	*
32-34 ADF	6	13
32-36 DGAV	35	42

- X = fermeture du pointeau
- Y = distance dessus de cuve-flotteur au repos.
- * = noter la valeur avant la dépose du flotteur.

Position du papillon

Carburateur Solex

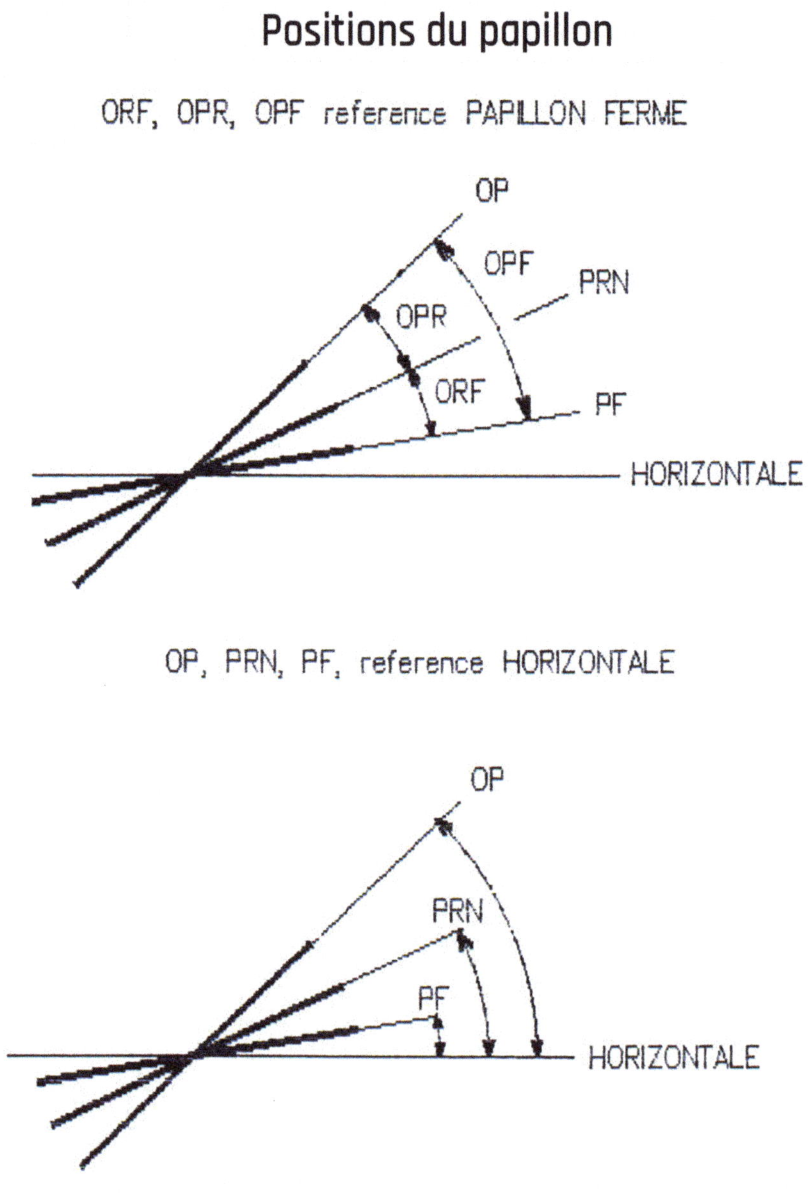

Réglage du papillon carburateur Solex

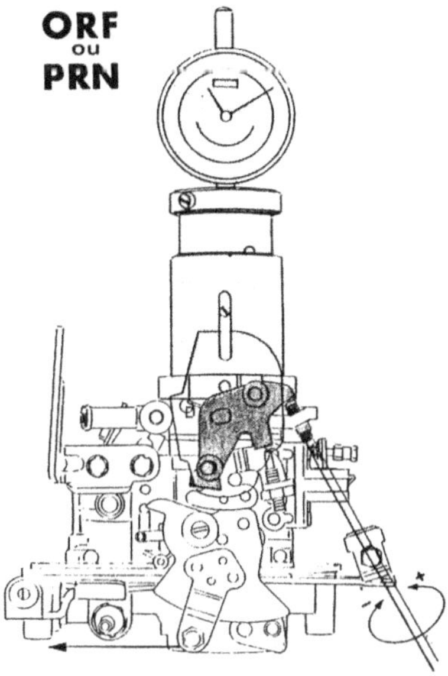

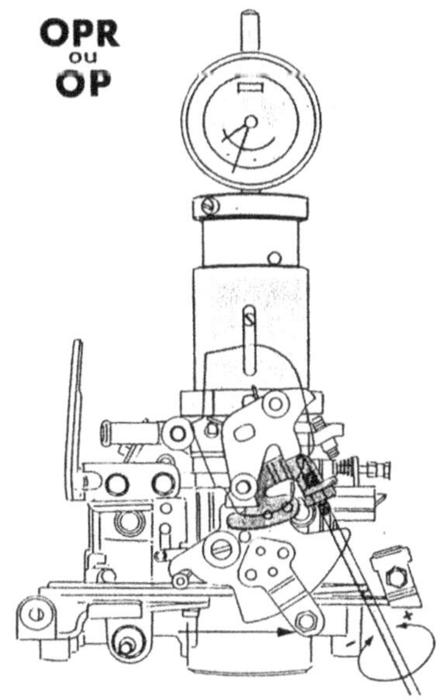

Matériel.

Un support et un comparateur de marque Solex
Une notice technique qui indique les réglages.

Réglage du papillon.

- Étalonner le comparateur à Zéro.
- Attention à la référence.
- ORF ou PRN régler par la vis Z vis de papillon
- OPR ou OP régler par la vis de ralenti accéléré starter tiré.
- ORF = Ouverture Ralenti par rapport au papillon Fermé.
- PRN = Position de Ralenti Nominal par rapport à l'horizontal.
- OPR = Ouverture du papillon par rapport au ralenti
- OP = Ouverture positive du papillon par rapport à l'horizontale

Attention.

Plusieurs types de carburateur peuvent être montés sur un même type de véhicule pour un même moteur.
L'identification d'un carburateur Solex se fait par une petite plaque métallique fixée par une vis du couvercle de cuve.

Réglage de la pompe de reprise

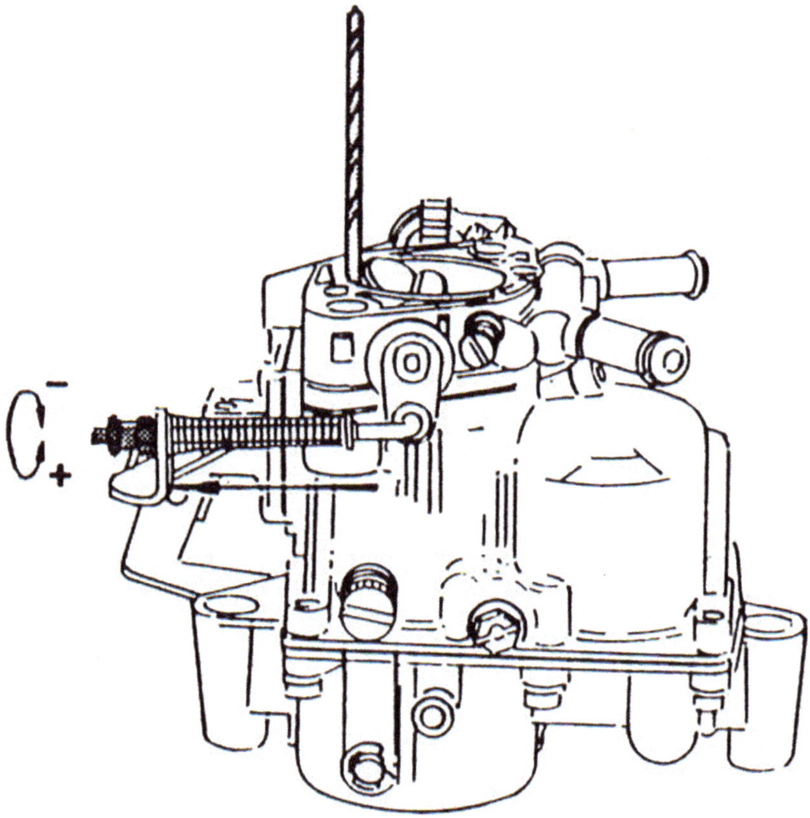

Matériel

Notice technique du carburateur.

Un foret de diamètre de la course de la pompe de reprise.

Une clé de 6 mm

Réglage

Insérer le foret entre le corps et le papillon.
Tirer le levier de pompe de reprise suivant la flèche.
Dévisser ou visser pour mettre l'écrou en contact.

Réglage de la pompe de reprise à came

Matériel

Un tournevis plat de 2.5 mm
Une pince

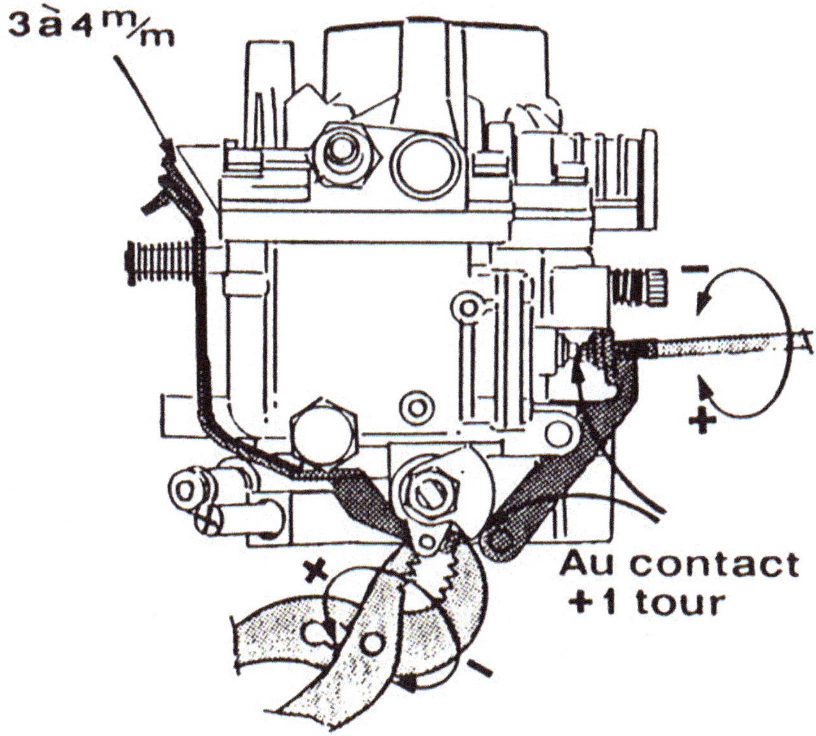

Réglage

Papillon au ralenti
Avec un tournevis amener la vis en contact avec le poussoir de la pompe de reprise.
Tourner un tour.

Dégazage

Vriller avec une pince la patte pour une ouverture de 3 à 4 mm du clapet.

Dénoyage forcé

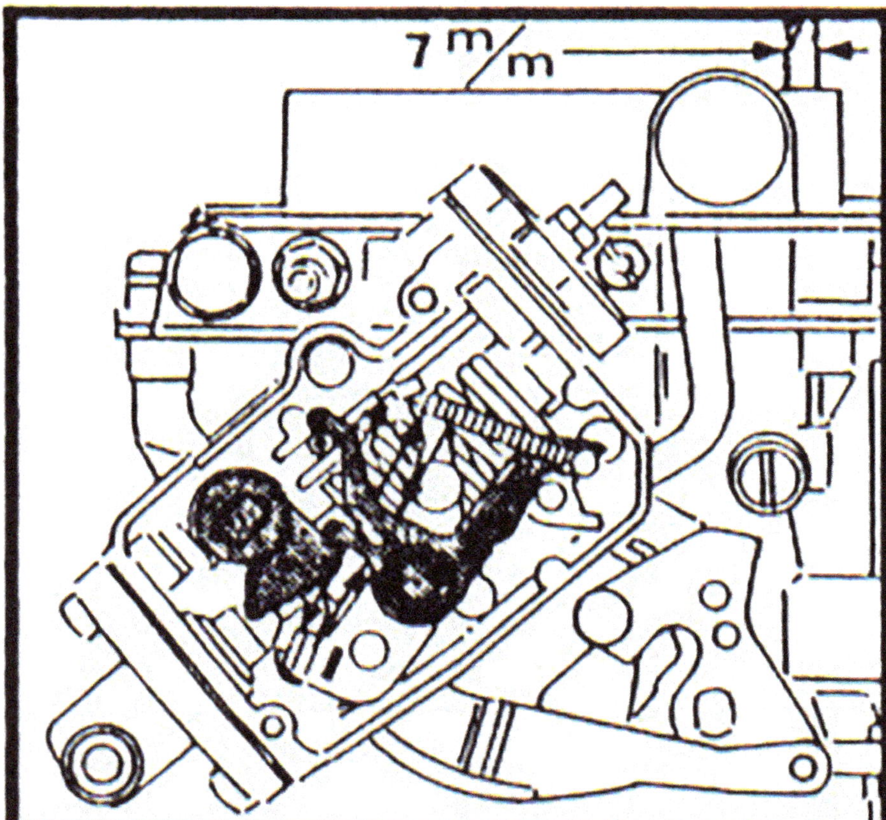

Réglage de l'ouverture volet après départ

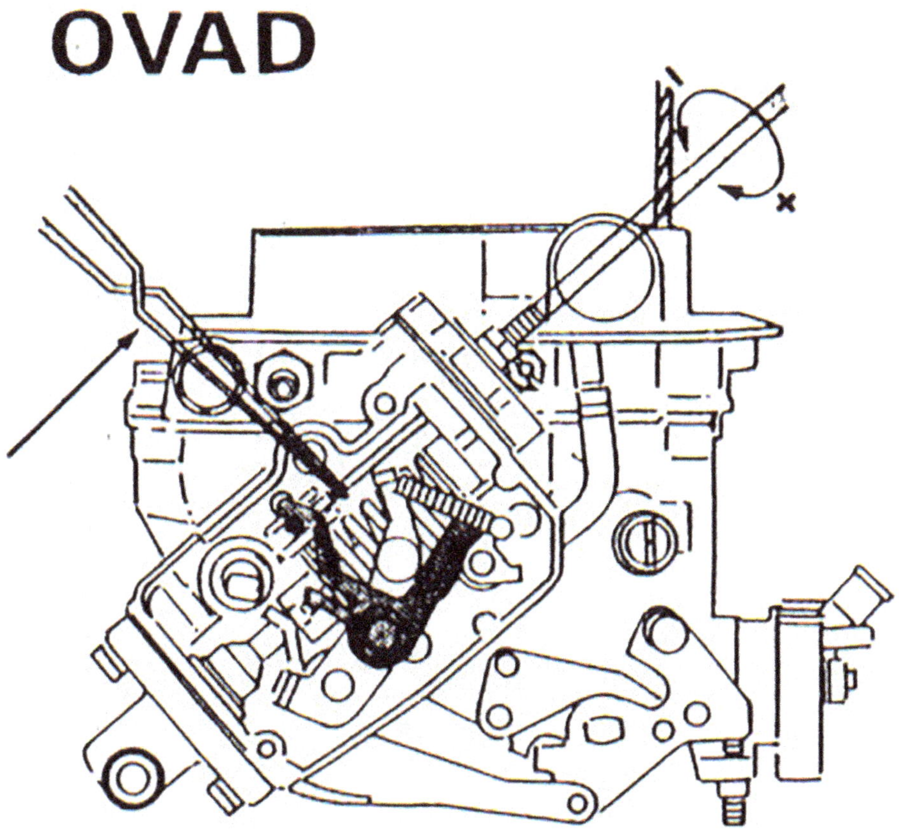

Contrôle pression pompe essence - Étanchéité du pointeau

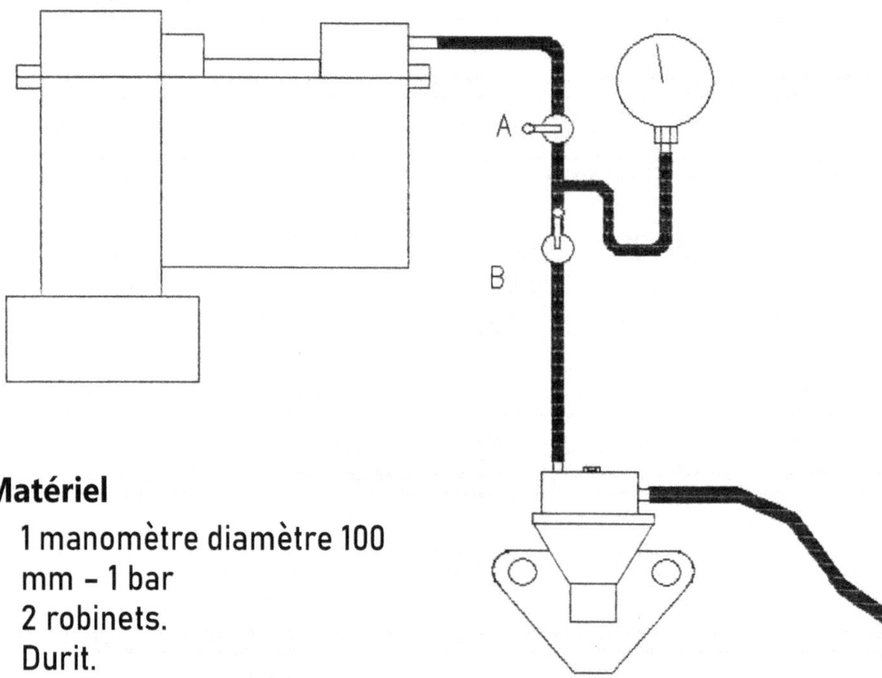

Matériel

1 manomètre diamètre 100 mm - 1 bar
2 robinets.
Durit.

Contrôle pression pompe essence.

- A fermé ; B ouvert.
- Moteur en route au ralenti
- Pression carburateur solex $\leq$ 150 mbar idéale 100 mbar
- Pression carburateur Weber $\leq$ 300 mbar

Attention.

- **Les pompes à essence pour carburateur Solex ou Weber ne sont pas interchangeables.**
- **Une pression trop élevée fait consommer de l'essence.**

Étanchéité du pointeau

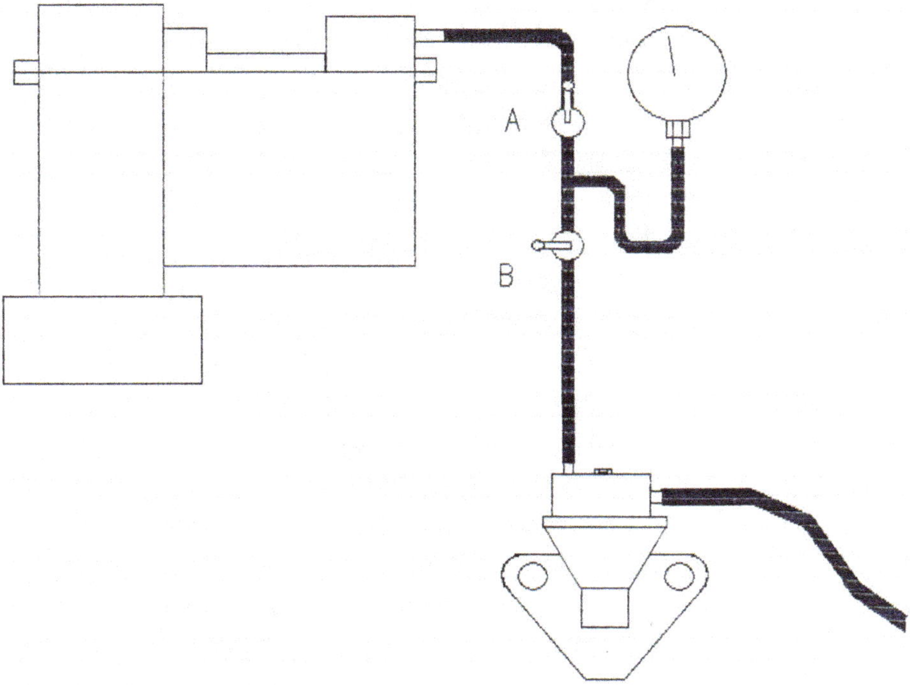

Moteur à l'arrêt.

- B Fermé ; A Ouvert.
- Si la pression chute vérifier le pointeau.

Réglage ralenti - Carburateur non dépollué

Matériel.

- Un compte tours électronique.
- Un tournevis plat de 2,5 mm court.

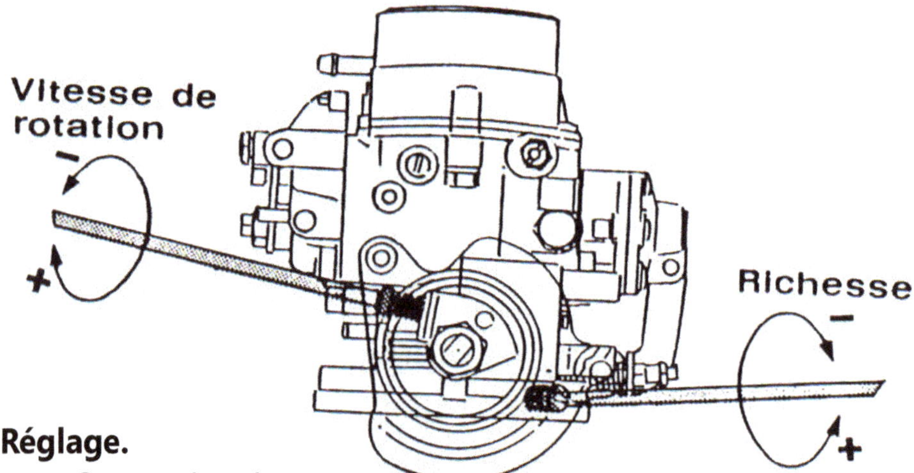

Réglage.

- Serrer la vis de richesse et la desserrer de 2 tours.
- Moteur en route.
- Par la vis Z amener la vitesse moteur à 900 t/mn
- Rechercher la vitesse de rotation maximale par la vis de richesse W
- Par la vis Z amener la vitesse moteur à 900 t/mn
- Rechercher la vitesse de rotation maximale par la vis de richesse W
- Serrer la vis W pour abaisser le ralenti de 50 t/mn.
- En engageant la première et en lâchant l'embrayage le moteur ne doit pas caler.
- En principe le moteur est réglé antipollution au ralenti.

Attention.

. **Un jeu de l'axe de papillon dans le corps du carburateur empêche de régler le ralenti. Remplacer le corps du carburateur.**

Réglage carburateur Solex - Dépollué

Matériel.

- 1 compte tour électronique.
- 1 tournevis plat de 2,5 mm court.

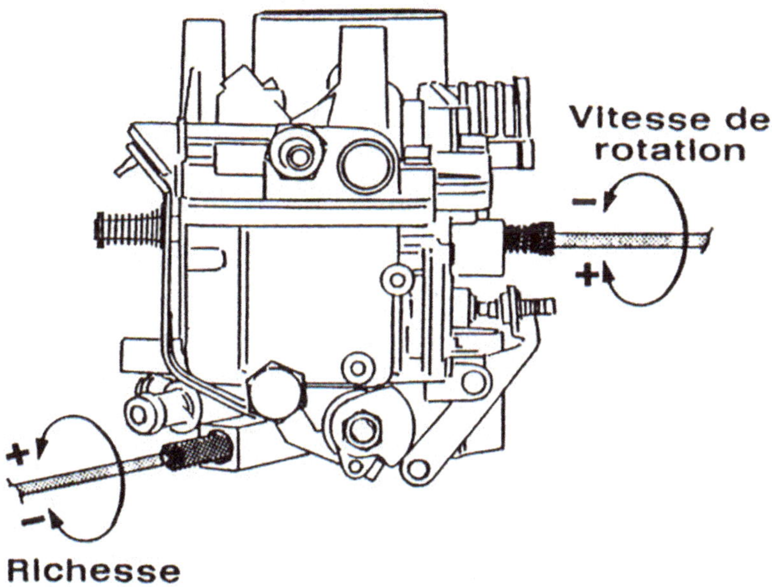

Réglage.

- Moteur au ralenti.
- Serrer la vis de richesse et la desserrer de 2 tours.
- Par la vis Va régler le ralenti à 1000 t/mn
- Par la vis de richesse W rechercher le régime maximal
- Par la vis Va ramener le régime à 1000 t/mn
- Rechercher le régime maximal.
- Serrer la vis de richesse W pour abaisser le régime de 50 t/mn.
- Le ralenti doit être réglé antipollution.
- Passer la première vitesse.
- Embrayer doucement.
- Le moteur baisse de régime sans caler.

Calcul d'un carburateur 1

Diamètre du corps

Cu = cylindrée unitaire en cm^3

D = diamètre du corps du carburateur.

N = régime moteur en millier de tours par minute.

$$D = x \sqrt{Cu.N}$$

Nombre de cylindres	Rendement ou couple	Puissance
1-2-3-4	X = 0.71	X = 0.81
6	X = 0.92	X = 1
8	X = 0.95	X = 1.15

Diamètre de la buse K K = D x y

Rendement ou couple	Puissance
Y = 0.65	Y = 0.8

Gicleur général Gg Gg = K . z

Rendement ou couple	Puissance
Z = 5	Z = 5.6

Ajutage d'automaticité Aa = Gg + w

Rendement ou couple	Puissance
W = 80	W = 30

Exemple de calcul.

Moteur de 4 cylindres d'une cylindrée de 1.116 litre
RPM pour la puissance maxi = 5600 t/mn
Cylindrée unitaire = 1116/4=279 cm^3
N = 5600 / 1000 = 5.6

D = 0.81 $\sqrt{279 \times 5.6}$ D = 32	K = 32 x 0.8 K = 22
Gg = 22 x 5.6 Gg = 123.2	Aa = 123.2 + 77 Aa = 200.2

Remarques

Le diamètre du corps du carburateur ne doit jamais être inférieur au diamètre de la tubulure d'admission ce qui se traduirait par des turbulences néfastes au flux d'air d'admission.

Une tubulure d'admission de petit diamètre et longue augmente la vitesse des gaz donc améliore le remplissage des cylindres à bas régime autour de 2500 t/mn. Une tubulure de gros diamètre et courte favorise l'entrée des gaz à haut régime donc améliore la puissance maximale à haut régime autour de 6000 t/mn.

Une buse de petit diamètre permet d'avoir une vitesse des gaz importante à bas régime. Une buse de gros diamètre ne gène pas l'entrée de l'air à haut régime.

Un gicleur général permet de régler le mélange à 1/12 pour obtenir la puissance ou de 1/15 pour obtenir le rendement. Le Gg peut-être calculé à un régime inférieur si le carburateur dispose d'un enrichisseur ou d'un éconostat.

L'ajutage d'automaticité permet d'appauvrir ou d'enrichir la reprise entre la phase ralenti et la phase marche principale. Il est fonction du tube d'émulsion et si le carburateur est équipé d'une pompe de reprise.

Attention.

- **Un mélange trop pauvre peut entraîner un serrage des cylindres ou la vitrification des bougies.**

La couleur des bougies doit être.

- **Chocolat clair pour un mélange pauvre.**
- **Chocolat foncé pour un mélange riche.**

Liens utiles
http://www.b2h.fr/
http://www.mecatechnic.com/fr

autos / motos / moteurs

www.decoopman.com

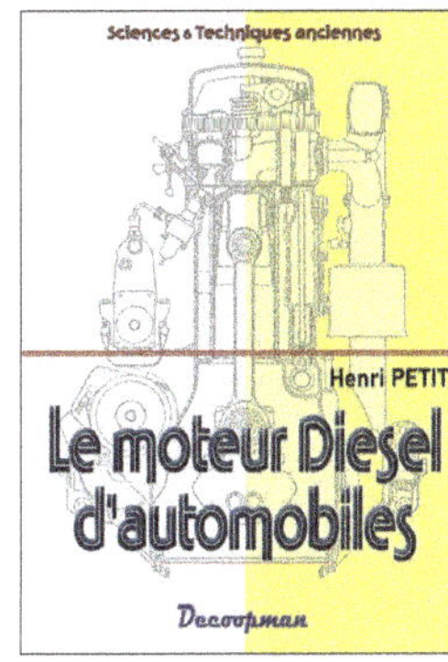

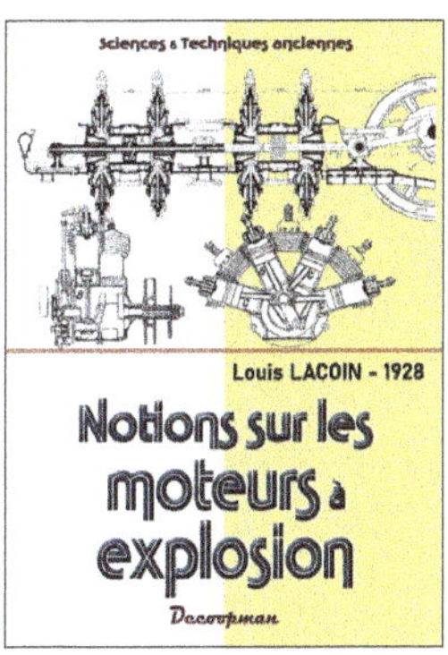

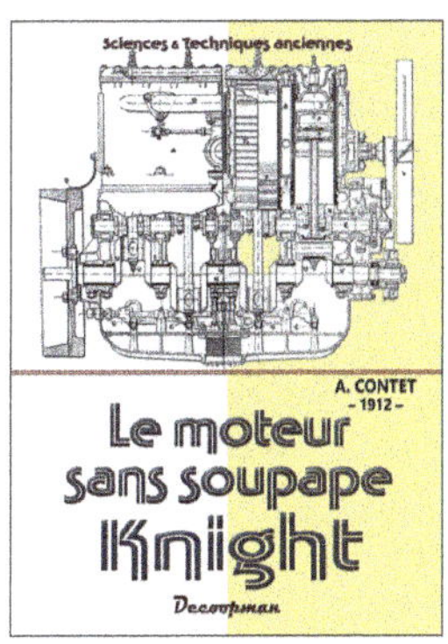

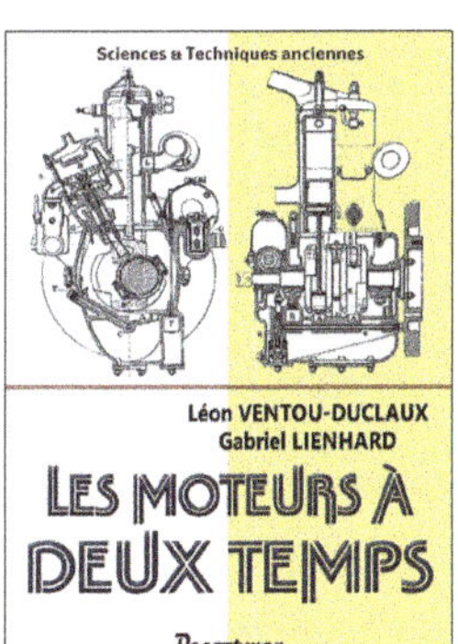

Éditions Decoopman - Ferrières - 30440 Saint-Laurent-le-Minier
Tel : +33 (0) 4.67.73.90.95 - web : www.decoopman.com - e.mail : livres@decoopman.com

autos / motos / moteurs

www.decoopman.com

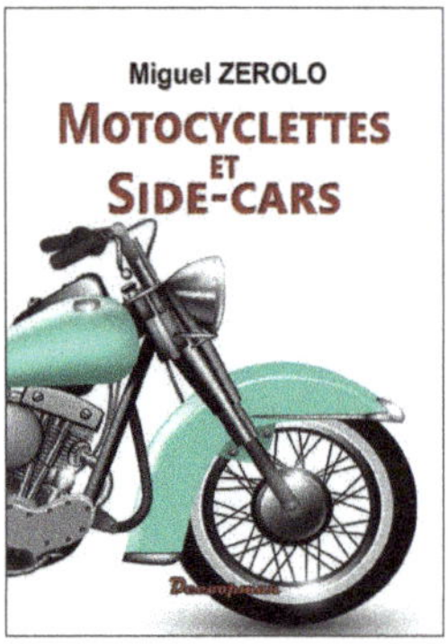

www.ingramcontent.com/pod-product-compliance
Lightning Source LLC
LaVergne TN
LVHW022256071026
849851LV00016B/704
9782369652106